改变，从阅读开始

SCREAM
Chilling Adventures in the Science of Fear

恐惧带来的
刺激、创伤、反思和裨益

Margee Kerr
[美] 玛吉·克尔 / 著

张歆彤 / 译

山西出版传媒集团　山西人民出版社

图书在版编目（CIP）数据

尖叫：恐惧带来的刺激、创伤、反思和裨益／（美）玛吉·克尔（Margee Kerr）著；张歆彤译．－－太原：山西人民出版社，2018.12
ISBN 978-7-203-10519-0

Ⅰ．①尖… Ⅱ．①玛… ②张… Ⅲ．①恐惧－研究 Ⅳ．①B842.6

中国版本图书馆CIP数据核字(2018)第204985号

版权合同登记号：图字04-2018-043号

Copyright © 2015 by Margee Kerr
This edition arranged with McCormick Literary
through Andrew Nurnberg Associates International Limited

尖叫：恐惧带来的刺激、创伤、反思和裨益

著　　者：	（美）玛吉·克尔
译　　者：	张歆彤
责任编辑：	贾　娟
复　　审：	傅晓红
终　　审：	秦继华
选题策划：	北京汉唐阳光
出 版 者：	山西出版传媒集团·山西人民出版社
地　　址：	太原市建设南路 21 号
邮　　编：	030012
发行营销：	010-62142290
	0351-4922220　4955996　4956039
	0351-4922127（传真）　4956038（邮购）
E-mail：	sxskcb@163.com（发行部）
	sxskcb@163.com（总编室）
网　　址：	www.sxskcb.com
经 销 者：	山西出版传媒集团·山西新华书店集团有限公司
承 印 者：	北京市通州兴龙印刷厂
开　　本：	880mm×1230mm　1/32
印　　张：	9
字　　数：	172 千字
版　　次：	2018 年 12 月　第 1 版
印　　次：	2018 年 12 月　第 1 次印刷
书　　号：	ISBN 978-7-203-10519-0
定　　价：	38.00 元

如有印装质量问题请与本社联系调换

谨以此书献给西蒙斯一家和惊魂凶宅的所有演职人员。
感谢你们的支持和创造出的恐怖。

恐惧是一种激情，当它离我们不太近时，总是会令人产生愉悦感。

——埃德蒙·伯克（Edmund Burke）

Contents / 目录

LIST OF THRILLS AND CHILLS	i	惊险刺激的游乐设施一览表
PREFACE	1	前言
PART I: PHYSICAL THRILLS		**第一部分：生理刺激**
1: THE STOMACH DROP	11	第一章　胃下坠
2: ACROPHOBIA	35	第二章　恐高症
PART II: PSYCHOLOGICAL CHILLS		**第二部分：心理寒战**
3: ALONE IN THE DARK	57	第三章　在黑暗中独处
4: EXORCISING THE GHOST	91	第四章　驱鬼
5: THE LITTLE HOUSE OF HORRORS	117	第五章　恐怖小屋
PART III: REAL FEAR		**第三部分：真正的恐惧**
6: MEMENTO MORI	145	第六章　人终有一死
7: WRONG TURN	173	第七章　误入歧途
PART IV: BRINGING IT HOME		**第四部分：带回成果**
8: BUILDING THE BASEMENT	207	第八章　创建地下室项目
AFTERWORD	247	后记
ACKNOWLEDGMENTS	249	致谢
NOTES	251	注释

惊险刺激的游乐设施一览表

知名的"鬼魂"出没之地

- 芒兹维尔州立监狱（Moundsville State Penitentiary），西弗吉尼亚州，芒兹维尔
- 跨阿勒格尼精神病院（Trans Allegheny Lunatic Asylum），西弗吉尼亚州，韦斯顿
- 东方州立监狱（Eastern State Penitentiary），费城
- 彭菲尔德礁灯塔（Penfield Reef Light House），康涅狄格州，布里奇波特
- 希尔庄园（Hill View Manor），宾夕法尼亚州，纽卡斯尔
- 德尔萨尔托酒店（Hotel De Salto），哥伦比亚，特肯达马瀑布
- 盐教堂（Cathedral de Sal de Zipaquirá），哥伦比亚，锡帕基拉
- 瓜达维达湖（Guatavita Lagoon），哥伦比亚
- 坎德拉里亚（La Candelaria），哥伦比亚，波哥大
- 波哥大中央公墓（Central Bogotá Cemetery），哥伦比亚，波哥大
- 青木原树海（Aokigahara Forest），日本，富士山

知名鬼屋和恐怖娱乐设施

- 惊魂凶宅（ScareHouse），匹兹堡
- 围墙惊魂记（Terror Behind the Walls），费城
- 恐惧工厂（Factory of Terror），俄亥俄州，坎顿
- 鬼魅山庄主题公园（Ghostly Manor），俄亥俄州，桑达斯基
- 慈急综合病院（Haunted Hospital），日本，富士急乐园（Fuji-Q Highland）
- 绝望要塞（Ultimate Fort），日本，富士急乐园
- 台场怪奇学校（Daiba School Horror），东京
- 幽灵酒吧（Ghost Bar），东京
- 临时拘留所（Lock Up），东京
- 恐怖城堡（Castillo Del Terror），哥伦比亚，波哥大

知名的惊险刺激的过山车及相关活动

- 高空跳伞（Skydiving），宾夕法尼亚州，格罗夫城
- 加拿大国家电视塔的边缘漫步（CN Tower EdgeWalk），多伦多
- 富士急乐园：高飞车（Takabisha）、咚咚啪（Dodonpa）、4D过山车（Eejanaika）
- 杉点乐园（Cedar Point）：千禧力量（Millennium Force）、开塞钻（Corkscrew）、守门人（GateKeeper）、双子座（Gemini）、蓝色潜行（Blue Streak）、猛禽（Raptor）

- 环球影城（Universal Studios）：好莱坞喷射滑道（Hollywood Riptide Rocket）、蜘蛛侠（The Amazing Adventures of Spiderman）、辛普森一家（Simpsons Ride）、变形金刚3D对决（Transformers 3D）、哈利波特逃离古灵阁（Harry Potter and the Escape from Gringotts）
- 新泽西六旗大冒险主题公园（Six Flags New Jersey）：蝙蝠侠（Batman）、绿灯侠（Green Lantern）、京达卡（Kingda Ka）、硝化甘油（Nitro）、超人（Superman）、弹射过山车（Slingshot）

位于美国宾夕法尼亚州匹兹堡的惊魂凶宅的房间门。本照片由惊魂凶宅提供。
版权：瑞秋林·舍恩（Rachellynn Schoen）。

前言

10月中旬的一个周五，晚上9点左右。天气很冷，但还带着秋天的清爽，没有冷到能看见自己呼出的白气。宾夕法尼亚州匹兹堡的鬼屋，"惊魂凶宅"（ScareHouse）前有人排队，队伍有将近两个街区长。我问了他们一些问题，然后，沿着山坡走回鬼屋正门。

路上，有游客向我喊道："嘿！嘿！这有多恐怖？"我边走边大声答道："你带要换的裤子了吗？"进门时，我向一位安保人员点了点头,然后绕过游客,走向大厅后面厚重的黑色帷幕。走进帷幕,温度好像升高了20华氏度[1]。我穿过鬼屋中间的一条演员幕后通道回到"谷仓"(Barn)时,能感觉到一种越来越强的期待之情。左边,来自"僵尸启示录"(zombie apocalypse)的咆哮声和吼叫声越来越大,又随着我的离去而慢慢消失。然后,我听到了响亮的一声"砰",接着是刺耳的尖叫。我笑了。那声音是我们的演员发出的,他扮演一个精力异常充沛的僵尸,不停地扑倒在距离游客只有几英寸[2]的有机玻璃上(在接下来的五个小时里,他至少每分钟要做一次)。右边,当我走过"教堂"(the Chapel)时,听到了一名发狂的神父发出含糊难懂的咆哮。

终于来到了幕后通道的最后一段,我已经能够感受到门的滑动和撞击引起的震动,它们来自"连环杀手"(the Serial Killer)。说是门,其实是房间侧面的一整块板子,安装在滑轨上,尾部有一块金属片,可以放大声音。我听到有人说"你们在我房间里干什么",然后人们开始尖叫,喊着"噢,天呐"和其他脏话。尽管看不到连环杀手,但我知道他在做什么:握着菜刀,赤裸着上身跑出来,既吓到了游客,又不妨碍他们逃开。然后,他退回去,用力关上门。就在游客们松了口气,平复心情时,扮演"受害者"的角色出现了,向他们求助。游客们在迷茫、惊愕和极度恐惧中,继续向前跑,

---

[1] 约为11摄氏度。——编者注
[2] 1英寸=2.54厘米。——编者注

跑进"谷仓"。"谷仓"的入口安静而诡异,堆满了填充玩具(不是毛茸茸的那种)。而就在拐角处,"屠夫"(butcher)、"稻草人"(scarecrow)、"电锯"(chainsaw),还有一个我们称之为"干草垛"(Hayloft)的人正暗中等待着。从地下室到"谷仓"的这段路,是我最喜欢的地方之一。

我跟"连环杀手"击了掌,问他今晚怎么样。他大笑着回答:"棒极了。"这几个房间的工作人员已经合作三年多了,他们的精力和营造出的紧张氛围都令人震惊。我溜到了紧挨着推拉门的一道托板上(墙上有一扇很重的门,门上嵌有一扇窗户,你可以将窗户打开,跳进去),从墙上一个一便士大小的孔向外窥视。这样的窥视孔布满了整个鬼屋,让演员和安保人员得以注意行动提示、客流量,当然,还有那些惹麻烦的人。对社会学家来说,则没有那么多功能。

第一次窥视时,我感到毛骨悚然。说实话,到现在还是这种感觉。从墙上的孔里窥视不算是被社会认可和接受的行为,说是禁忌也不为过。我花了六年多的时间,在当地一所大学的机构审查委员会(Institutional Review Board)的监督下从事此项研究工作。该机构对涉及人类的研究制定了严格的标准。他们非常重视知情同意权,强烈要求实验对象知晓并同意实验,特别是在处理敏感情况时。尽管再三警告每位游客,一旦进入鬼屋,他们就处于监控状态中,但这种偷窥行为仍然让人感觉不公平、危险,是的,还有高人一等。让人更加尴尬的是,我看到的,是人们最恐惧、最脆弱的时刻。

我看到他们的表情，听到他们的尖叫，有时还能看到他们眼中的泪水。他们逃跑，绊倒在别人身上，本能地后退，向前，向后，向任何方向，只要可以远离"连环杀手"和他的刀。我见过男人在逃跑的时候把他们的女朋友推开，也见过有人跪在地上，尖叫着向上帝求助。

每组游客之间通常会有一分钟左右的间隔，这一分钟安静得有些不真实。上一组游客已经进入"谷仓"，我能听到他们见到"稻草人"后的阵阵尖叫。我蹲着，从硬币大小的孔向外窥视，看到了下一组的第一位游客。她很年轻，大概二十五六岁，正四下张望。有很多东西吸引了她的注意：墙上散布的照片，满是鲜血和内脏的水槽，堆着垃圾的3D投影机，上面还有蛆虫蠕动。她看过地面和墙角，想要看看前面，却完全没有意识到，左边的墙壁随时都可能突然打开。不管看过多少次，每当这时，我都会紧张，期待值升高，心跳加速，猜测着时间——游客什么时候会把门拉开？我看着她慢慢向前挪动，紧紧盯着正对面的墙，那里摆放着一面镜子，而我就躲在墙的后面。有那么一刻，我觉得她看见我了，但那是不可能的。当她发现墙上的人就是镜子里的自己时，门砰地打开了，"连环杀手"出来吓人了。这位年轻的女子和其他人一起，一边尖叫，一边跌跌撞撞地向前、向右跑。我转头看着他们跑过转角，听到尖叫声变成了歇斯底里的大笑，然后又变成了尖叫，因为"受害者"出来吓人了。这组游客进入"谷仓"后，我恭喜演员们设计了非常成功的"连击两次"的环节。他们哈哈大笑,回到自己的位置,在各自的窥视孔后等待行动提示。

又是片刻的安静,我心中升起了敬畏之情。这里正发生着不可思议的事情。每次离开的时候,我都觉得自己目睹了人类最基本、最原始的状态。这是一种特权。在生活中,我们多久能看到一次真实的彼此,抛掉伪装的外衣和社交的规则?于是我继续蹲着,盯着窥视孔,看游客们惊恐地尖叫,演员们镇定地看着,等着跳出去吓人。我想知道我们是怎么变成这样的,为什么这些人愿意排两个小时的队,花钱买尖叫的机会。

六岁那年,在体育馆的舞台上,我第一次进入鬼屋。那是一间草草搭建的小型鬼屋,里面有卫生纸包成的木乃伊和黑色塑料蝙蝠,很简陋。从那以后,我成了鬼屋迷。它们不仅满足了我对恐怖故事的喜爱与痴迷,而且对我来说,万圣节是最棒的节日,因为与之相关的,是朋友、怪物和糖果,而不是家庭与责任。我发现鬼屋令我兴奋、充满期待与愉悦,于是,从小便知道自己是一个寻求刺激的人。当然了,我用的不是这个词,那时也不知道什么叫作冒险者、肾上腺素狂或超胆侠,或是这些学术概念:感官追求(sensation seeking)、猎奇(novelty seeking)、良性自虐(benign masochism)、享乐逆转(hedonic reversals);我不知道压力敏感和抗压能力有什么区别,只知道自己是真的很喜欢鬼屋、恐怖电影,不用马鞍在田间恣意驰骋，速度飞快地滑旱冰，坐最陡的过山车。我从来没有刻意停下来，想想自己为什么喜欢这些事情，只是觉得那是很有趣、快乐的时光。

为了追求刺激，我来到了全国公认的著名鬼屋，位于宾夕法尼亚州匹兹堡的惊魂凶宅。这是我去过的众多鬼屋中最恐怖的一个。在一个特别恐怖的瞬间，我撞上了一堵墙，弄伤了肩膀，疼了好几周。这也是我去过的最诡异的鬼屋：没有弗莱迪、杰森或人皮脸[1]，也不像很多时下流行的鬼屋，到处都是鲜血和内脏。取而代之的是特别的房间和奇怪又不同寻常的原创角色，戴上3D眼镜后，房间里的一切都变成了霓虹色，气氛诡异，令人不安。从鬼屋走出来后，我十分亢奋，但也觉得放松，甚至心情平静。我决定尽可能多地去那里，这很疯狂，因为我正在写论文，在退伍军人管理局（Veterans Administration）的健康权益研究与推广中心（Center for Health Equity Research and Promotion）还有一份全职工作。

离开后，我找到其中一位老板，斯科特·西蒙斯（Scott Simmons），告诉他，我什么都愿意做，只要能加入他们的团队。一位浑身是血的演员走近我们，开玩笑地说："一个社会学家在鬼屋能做什么？""可以分析数据！"我回答。这就是

---

[1] 弗莱迪（Freddy Krueger），恐怖电影《猛鬼街》（*A Nightmare on Elm Street*）的主角，以残忍的手段杀害孩子们。杰森（Jason），恐怖、惊悚电影《13号星期五》（*Friday the 13th*）的主角，11岁淹死后复活，杀人无数。人皮脸（Leatherface），恐怖电影《德州电锯杀人狂》（*The Texas Chainsaw Massacre*）的主角，戴着人皮面具的杀人狂魔。——译者注

我在那儿做的事情。

我的论文指导老师得知我要去惊魂凶宅工作后，给了我一个白眼，但我并不在意。惊魂凶宅每年都会在游客调查表中问："你觉得什么最恐怖？"这是多么难得的机会！这些数据虽然不够详尽，也不严谨，不能发表在《美国社会学期刊》（American Journal of Sociology）上，却是关于恐惧的珍贵一瞥，还原了它在现实生活中的原貌。2008年以来，我有幸读到一些人对于自己惧怕的事物的描述，很有趣，也让我很受启发。

我在匹兹堡大学和惊魂凶宅继续恐惧研究时，发现了有些问题是现有理论和成堆的实验室研究都解答不了的。我读到的所有资料都集中于恐惧的负面影响。学者们展示了恐慌、焦虑、担忧和恐惧是怎样控制美国人的心理，成为我们大多数行为和决定的主导情绪，对我们造成巨大伤害的。无数作者剖析并谴责了当代美国社会中猖獗的"恐惧牟取暴利"行为，并指出恐惧被用于销售产品和挑起政治辩论。渴求阅读量的新闻媒体操纵着我们的恐惧反应，我们的大脑分不清"真实的"威胁和在世界各地发生的抽象的恐怖事件，这些恐怖事件在发生的几秒内就会出现在我们的手机和电视上。客观来说，我们生活在一个比较安全的世界里，然而每天被大量引发恐惧的信息轰炸，担心那些可能不会影响我们、远非我们所能控制的问题。[1]可以说，我们正被恐惧吞噬。[2]

然而，很多人都享受恐惧。他们喜欢大声尖叫，骄傲地在推特（Twitter）和脸书（Facebook）上发布尿湿的裤子的照片。他们笑着离开鬼屋，彼此拥抱，相互击掌庆祝。

我在惊魂凶宅的观察（更别提电视、电子游戏等利用恐怖场景取得的商业成功）与文献不符，一些问题有待回答。其中不乏有趣的，比如：为什么有些人喜欢鬼屋，有些人不喜欢？过山车产生的生理刺激与黑暗中独处时的心理寒战有什么区别？还有一些更严肃的问题：我们可以从受惊吓的自己身上学到什么？生理与文化的差异如何影响我们害怕的东西，以及应对恐怖吓人内容的方式？为什么明知道身处于前所未有的危险世界，人们还想追求更多的恐惧，而且是创纪录的数量？关于恐惧，需要更多的调查、体验和分享。

所以，我就这么做了，而且不该在实验室里进行。

过去的两年中，我试着彻底理解恐惧。为此，我跑遍了世界各地。我去过世界上最恐怖的鬼屋，坐过里面最陡的过山车。我到过世界上最高的人造建筑之一，被吊在钢索上。我跳下飞机，在废弃的监狱过夜——还去过两次。我戴着手铐，被迫在漆黑的隧道中爬行。然而，与这些相比，一些光天化日下发生的事情更让我害怕。我哭过几次，一次是独自在日本的森林里，还有一次是在哥伦比亚的人群中。我还和许多专家和科学家交流过，他们研究与刺激、恐怖、闹鬼有关的所有事。这些经历改变了我的生活，让我变得更好。

本书就是我的学习成果。我的恐惧探险。

PART I: PHYSICAL THRILLS

第一部分：
生理刺激

世界对我来说一直是个谜，吸引着我去探索、发掘。

——玛丽·雪莱《弗兰肯斯坦》（Mary Shelley, *Frankenstein*）

日本富士急乐园的日落。作者摄。

THE STOMACH DROP

第一章

胃下坠

抬头凝视过山车庞大的钢铁网,这种感觉很特别。11岁时,我坐了"好时乐园"(Hershey Park)里最古老的过山车"彗星号"(Comet),那是我第一次坐过山车。我把马尾辫解了绑,绑了解,因为我的头发很长,超过了腰,几乎要到膝盖,像长发公主一样。我觉得头发会卷进轨道(事后看来,这种担忧很合理)。从那以后,我坐过很多过山车,记得每一次感受,每一座过山车都独一无二,令人兴奋。但我知道接下来要坐的过山车非常特别:它是世界上最陡的一座,位于

— 11

日本最高峰的山脚下。富士急乐园（Fuji-Q Highland）的高飞车（Takabisha）全程3300英尺[1]，在2分钟的车程中，将游客带到141英尺的高空，然后以超越垂直的121度俯冲下落，这一角度打破了世界纪录。为了搭乘它，我跨越了半个地球。

惊险刺激的过山车带来特别的恐怖体验。它的可怕不在于内容，而是让我们的"思维"大脑掉线，直接对身体造成快速而有力的冲击。这种不超过几分钟的快速本质，是它如此好玩的原因之一。与悬挂在高楼边上将近一个小时（稍后会有详细的说明）不同，惊险刺激的过山车让我们的大脑来不及思考正在发生什么，也没有时间一次次地努力克服恐惧。所以，我们放弃了，让机器控制一切，随它以人体无法承受的方式，将我们翻转、抛射、扭转、旋转，或抛来抛去。我们被绑在座椅上，任由过山车摆布，我们的身体在几秒内进入高唤醒状态，触发一连串化学反应，统称为战斗或逃跑反应（fight or flight response），或威胁反应（threat response），或一般人口中的"恐惧"。

我们所说的恐惧不像听起来那么简单。事实上，美国国立卫生研究院（National Institutes of Health, NIH）最近起草了一份长达34页的文件，列出了包括恐惧在内的所有情绪的许多相关内容。[3] 例如，大多数人口中的"恐惧"被分为几个负价系统（negative valence systems），包括急性威胁、潜在威胁、

---

[1] 1英尺=0.3048米。——编者注

持续威胁、损失和令人沮丧的无回报。它还明确了人体内的基因、分子、细胞和回路，并研究了心理和行为测试。这是一个令人印象深刻的编目，所有这些都是为了试图理解我们大多数人称之为感觉的东西。

大多数人把恐惧当作一种情绪来讨论，听起来很有道理，但情绪是很难解释的。想象一下，如何告诉一个对人类经验一无所知的外星人，怎么区分恐惧和焦虑等其他情绪。快乐与惊喜、愤怒与沮丧、内疚与羞耻之间有什么区别？所以，怎么向外星人解释究竟什么是情绪？什么是感觉？情绪是会导致特定行为（如尖叫或遮住双眼）的一系列生理反应（如心跳加速或出汗）吗？如果是的话，哪种生理反应产生哪种特定的行为呢？这些规律在所有人身上都一样吗？我和你所感觉到的快乐是一样的吗？

一些研究人员说确实如此。20世纪70年代，保罗·艾克曼（Paul Ekman）提出了六种情绪，它们在所有人类身上看起来都是相同的，不论时间地点：恐惧、惊讶、愤怒、快乐、悲伤和厌恶。[4] 后来他增加了愉悦、轻蔑、满足、尴尬、兴奋、内疚、骄傲、安慰、满意、感官愉悦和羞愧。然而，新的研究，比如埃立卡·西格尔（Erika Siegel）和同事近期所开展的，通过对情绪进行元分析，发现"针对某个单独的情绪，没有不变的、特别的生理变化"，这意味着不能仅从一连串的生理现象（如出汗、心率和体温有变）来推测某人的情绪状态。[5] 应该说，一些行为和含义与一系列生理反应有关，但这些反应确实因人、因时、因地而异。所以，对某一事物，你我所感知到的恐惧程度不一定相同，而且很有可能你并不害怕我恐惧的东西。

尽管如此，关于恐惧，还是有一些公认的生物学事实。每一种生物，从果蝇到人类，都有防卫反应或威胁反应，这是我们的生存回路之一。[1]6 人类的威胁反应是这样进行的：刺激物（例如过山车发出的雷鸣般的巨响）触发警报，警报触发两个警告信号——约瑟夫·勒杜（Joseph LeDoux）称之为"低速公路"（low road）和"高速公路"（high road）。7 低速公路绕过背景信息的聚集地，快速抵达大脑中负责处理威胁的结构：位于大脑深处、形状类似杏仁的杏仁核。然后，杏仁核触发一连串遍及整个大脑和全身的反应（换句话说，是交感神经系统的激活），为战斗或逃跑做好准备。高速公路信号比低速公路信号晚一秒到达。它的速度稍慢，因为要从大脑其他区域收集信息，特别是负责批判性评估信息的新大脑皮质层，以及负责处理类似"考虑"等缓慢有意识的过程的区域，例如将视觉信息和记忆中任何可能有用的信息结合到一起。高速公路信号可以强化低速公路信号——这是巨蟒剧团（Monty Python，搞笑六人团体）著名的劝告"快跑，快跑"（run away, run away）的神经学版本——或者发现这是一个假警报，然后传送信息，使身体恢复到放松状态。在游乐

---

[1] 其他生存回路负责能量与营养、体液平衡、体温调节和生殖。

园的时候，只要高速公路信号到达，让你知道自己曾经搭乘过过山车，并且当时你被安全地绑在一个铁制机器上，真正的乐趣就开始了。

很明显，我们的威胁反应系统一直很忙，因为对寻求刺激者来说，现在是美好的时光：游乐设施和游乐园产业正蓬勃发展。2010 年，在美国，超过 2.9 亿游客造访了 400 个游乐园，高于两年前的 1.455 亿游客。[8] 而且没有任何放缓的迹象，在过去的 7 年里，游客的年均增长率约为 6%。2011 年，游乐园创造的就业机会和 2190 亿美元的销售额，对经济造成了显著影响。[1] 在其他国家，游乐设施和游乐园的增长更大，特别是在亚洲和南美洲。国际游乐园及景点协会最近的一项民意调查显示，67% 的受访者在未来一年有前往游乐园或游乐设施的计划，而且都有充分的理由。游乐园提供了各种各样的活动，以满足不同的口味，从蹒跚学步的孩子，到喜欢冒险的祖父母，都能感到兴奋。而游乐园之王，始终是过山车。

第一次在"好时乐园"探险之后，我又陆续乘坐了布希花园（Busch Gardens）的"阿波罗战车"（Apollo's Chariot）、环球影城（Universal Studios）的"哈利波特逃离古灵阁"

---

[1] 2011 年，美国有 3 万家游乐设施。国际游乐园及景点协会（International Association of Amusement Parks and Attractions, IAAPA）2014 年的经济影响报告的数据显示，这些游乐设施创造了 910 亿美元的直接收入、1270 亿美元的间接收入、670 亿美元的总劳动收入和总计 230 万个就业机会。

（Harry Potter and the Escape from Gringotts）、肯尼伍德乐园（Kennywood）的"复仇幻影"（Phantom's Revenge）（大概坐了20次），还在"世界过山车之都"、位于俄亥俄州桑达斯基的杉点乐园（Cedar Point），坐过几十次过山车。所以，我很有自信，认为我已经玩过最极端、最刺激的过山车了。当然，我想错了。作为一个典型的美国人，我认为美国有全世界最刺激的过山车，但只要做点小小的研究，很快就能推翻这个假设。极限的过山车遍布世界各地：迪拜、中国、芬兰、澳大利亚和日本。我去过的富士急乐园打破了14项吉尼斯世界纪录，那一天我体验了3项世界之最的项目：最陡峭的高飞车，启动时加速度最大的咚咚啪（Dodonpa），和最高、最快、拥有"最多旋转次数"的4D过山车（Eejanaika）。[1]

天公作美，我去富士急乐园那天天气非常完美。空气清新凉爽，明亮的太阳低低地挂在天空上。在令人眼花缭乱的过山车、摩天轮和巨型钢铁怪物一样高耸的倒转设施后面，在金光闪闪的房子大小的"招财猫"（maneki-neko）背后，越过人群、食品摊和售票亭，伫立着雄伟的富士山。这个乐园当真是一个世外桃源。我觉得自己置身于神话世界，什么事情都有可能发生。我惊叹于冰雪覆盖的山峰和必然受到其启

---

[1] 过山车小知识：4D过山车的座位可以翻转，所以即使轨道正面朝上，乘客也可能是倒着的。这使人们对于哪个是旋转次数最多的过山车产生了争议。"过山车数据库"（Roller Coaster Database）把英国的"微笑者"（The Smiler）评为榜首，但《吉尼斯世界纪录大全》则将荣誉授予Eejanaika，尽管它有一些4D翻转。不管怎么说，乘坐Eejanaika就是在不停上下翻转。

发的乐园。这是人类不可思议的智慧、创造力和努力的结晶,所有这些都是为了让自己尖叫。这些疯狂的机器究竟是怎么出现的呢?

过山车历史悠久,经历了工业化、消费主义,当然还有政治和经济转型时期。有几个亮点——第一座过山车的灵感源于一种叫作"俄罗斯冰滑梯"的游乐设施,其在17世纪的俄罗斯非常受欢迎。9至少从15世纪起,人们为了好玩,坐着雪橇从冰雪覆盖的山上滑下来。冰滑梯依照雪山的形状,是用木头修建的,高达80英尺,长坡道上覆盖着冰。和现在的过山车一样,人们坐在木制的雪橇或者车里,从上面疾驰而下,有时还会设计一些人为的碰撞,以增加刺激性。

起初,欧洲在建造过山车方面遥遥领先,在19世纪中期,做了各种各样的尝试。1846年建于巴黎弗拉斯卡蒂花园(Frascati Gardens)的离心过山车(Centrifugal Railway),是一辆完全依靠离心力的单环过山车,车厢被带上去,并转一圈。10 这些早期过山车的恐怖之处不只在于它们带来的身体感受,它们的可靠性和安全性也值得商榷。过山车刚出现的时候,并非不会造成死亡。[1]

---

[1] 现在的过山车已经非常安全了。正如《国家评论》(*National Review*)的记者查尔斯·库克(Charles C.W. Cooke)所言:"美国人被政府依法执行死刑的几率,是死于过山车的5000倍。"然而,游乐园仍然不在联邦政府的监管范围内,它们只自愿遵守美国材料与试验协会(American Society for Testing and Materials)的标准。

在美国，由于电车的发明和一些聪明的资本家的帮助，过山车得到了改良并发展到了巅峰。电车的设计初衷和用途是运送煤和物资，使用的电是从新成立的电力公司以统一的价格购来的。[11] 自从明白不管是 1 辆车还是 100 辆车在轨道上行驶，电的价格都是一样的，电车公司便把握机会，赚取更多的钱。它们只收取少量车费，以此鼓励公众乘坐电车去参加休闲娱乐活动。很快，就有很多家庭选择乘电车逃离繁华拥挤的都市，到城外的公园郊游。结果，他们乘坐电车的过程，就像到达目的地之后一样好玩，尤其是电车爬上陡峭的山峰和深入到山谷时。

慢慢地，人们发现了这个刺激游戏的乐趣。很快，企业家和工程师们就开始建造新一代的过山车，以 1884 年在康尼岛（Coney Island）开幕的"重力娱乐往复式过山车"（Gravity Pleasure Switchback Railway）为代表。它由拉马库斯·汤普森（LaMarcus Thompson）设计，先载着乘客冲下 600 英尺的轨道，而后冲到高塔的另一边，再扭转方向，循环往复。它成为了康尼岛上最受欢迎的项目，其他的过山车很快就像雨后春笋一样在全国各地兴建起来。到了 1920 年，美国建成了 1500—2000 座过山车，这数量令人惊叹。但在 19、20 世纪之交，就已不仅仅是过山车一枝独秀了。人们陆续设计并建造了摩天轮（1893 年 6 月 21 日芝加哥举行的世界哥伦布博览会上推出）、旋转木马和秋千，来激发这种美妙的感觉。

然而，随着经济大萧条的到来，这个快速扩张的行业开始停滞不前。公众没有可支配收入，把所有精力集中于寻找、储存资源，不再追求刺激。1930 年至 1939 年间，关闭了 1500 多个游乐园，拆除游乐设施，回收一切有价值的原料。尽管如此，最初那些激动人心的快乐记忆并没有被遗忘。在战后的繁荣时期，一代人试着重建游乐园，让孩子们感受他们曾有的快乐。游乐园卷土重来。1955 年，随着加利福尼亚州阿纳海姆市迪士尼乐园的开幕，游乐园开辟出一片新天地。迪士尼乐园不仅是第一个主题公园，也是钢制过山车"马特宏峰"（the Matterhorn Mountain）的诞生地。1959 年开放的马特宏峰并不是特别可怕，大部分只是上上下下，但其钢结构的设计和施工，是我们今天喜闻乐见的多环路、悬挂式和站立式过山车的基础，包括打破纪录的高飞车。

走进富士急乐园的大门，我立刻感到心跳加快，我根据周围环境判断，感觉接下来的事情会很刺激。我听到了过山车向上爬升时发出的咔哒声，过山车倒转或转圈时，忽大忽小的尖叫声，最后是过山车快速穿过层层轨道时发出的轰鸣声。

我立即冲到高飞车项目，开始排队。一般来说，排队的时候人们会越来越期待，我看着身边像朋友或情侣的人们兴奋得手舞足蹈，说话和笑的时候努力地控制着自己。游乐园是属于朋友和家人的地方，它们证实了"独乐乐不如众乐乐"。事实上，亚瑟·阿伦（Arthur Aron）和同事的研究发现，人们一起参与新奇惊险的活动后，他们之间的人际关系质量有所提高。[12] 田纳西大学的心理学家盖瑞·施坦伯格（Garriy Shteynberg）通过一系列社会实验发现，"同步共同注意"（simultaneous co-attention），就是与其他人一起参与某事，会让人产生更激烈的情绪体验。[13] 他和同事们发现，当人们知道他们不是单独观看时，会觉得恐怖广告更吓人，看到消极的图片会更伤心，而看到快乐的图片则会更开心。[1]

我们喜欢和别人一起的经历，不仅是因为我们自己的情绪反应，也因为当我们看到别人的经历，自己也感同身受——这就是我们共情并与他人产生联系的方式。匹兹堡大学的李恩庆（Kyung Hwa Lee）和格雷格·西格莱（Greg Siegle）对现有的利用神经影像学评估自我和其他情绪的研究进行了荟萃分析，发现亲身经历一种情绪与评估他人的情绪，会出现相似或重叠的大脑活动模式。[14] 例如，当我们自己正在经历痛苦，以及当我们仅仅在观察导致痛苦的事物时，处理痛苦的岛叶皮质（位于左右大脑皮层内部的结构）会很活跃。比如，"看牙医在她的牙齿上钻洞，我的牙都疼了！"这就是为什么你的朋友被吓到，你会尖叫；看到心爱的人哭泣，你也会落泪。当然，看别人做某些事，或想象自己做与亲自去做，感

---

[1] 在情绪体验中，他人在场的影响有一些复杂。正如我将在后面章节中展示的那样，朋友、爱人，甚至一个陌生人的出现会使可怕变得不那么可怕，甚至让山也显得不那么陡峭。关键也许在于对方的"动机"——他或她能给予你支持并提供救生员，还是你们在同一条船上，共同面对危险？

受并不完全一样（日后我一再体会到这一点）。比如我们只能从情感上感受他人身体上遭受的痛苦，我们的身体并不会出现同样的感觉。这意味着你会和屏幕上的角色一起忍受断脚的痛苦，但不会因此尖叫，好像你的脚真的被锯掉了（但可能会有点疼）。

这些行为产生重叠的大脑活动模式，其背后的机制仍然存在争议，但神经科学家 V.S. 拉马钱德兰（V.S. Ramachandran）等研究人员认为，这可能是镜像神经元造成的，他认为这是人类文明大跃进的原因。[15] 意大利研究小组于 1992 年在短尾猴的前运动皮层中发现了镜像神经元。[16] 他们发现这种新类型的神经元不仅在猴子执行任务时活跃，而且当它们看另一只猴子做同样事情的时候也是如此。媒体将此解释为移情神经基础的发现，从在大脑中发现上帝到发现人类的灵魂，各种头条新闻标题层出不穷。但正如认知神经科学家、科普作家克里斯蒂安·贾勒特（Christian Jarrett）在评论文章《冷静看待神经科学中最被大肆宣传的概念——镜像神经元》（A Calm Look at the Most Hyped Concept in Neuroscience—Mirror Neurons）中指出的那样，这种炒作基本上就是为了夺人眼球和抢上头条。[17] 研究人员詹姆斯·基尔纳（James Kilner）和罗杰·莱蒙（Roger Lemon）对这一课题的研究进行了仔细回顾，发现关于镜像神经元的问题比答案还多。[18] 它们确实对运动皮层起作用，并可能在我们模仿表情和手势的能力中起作用，但它们并非人类移情作用的"灵魂"所在。

看着周围兴高采烈的脸庞，我发现自己希望能和别人分享这种感觉。就在前一天晚上，坐在开往富士山的火车上，我觉得这太棒了，我要离开了，远离所有人、所有事。没有人知道我在哪里，没有人能找到我，也没有人对我有任何期待。我摆脱了所有责任，觉得很自由，就像得到了一张人生的通行证。然而当我站在队列中，这些想法有了新的含义，我不像周围人一样笑眯眯的，而是感到一阵悲伤。我孤单一人，突然觉得既沉重又疲惫。我想坐在自己的房间里，盯着墙壁发呆。

轮到我的时候，工作人员走过来，举起一根手指问我："就您一个人吗？"我点了点头，想想我要拆开身后的情侣，感觉有点尴尬。与三个陌生人坐在同一个车厢，我既烦躁又难为情——这不是搭乘过山车前的典型情绪状态。我应该非常担心，焦虑而兴奋。就像之前和朋友们在杉点乐园玩一整天过山车时那样。我试着摆脱这些情绪。终于，用日语、英语和其他几种语言分别重复了几遍说明后，过山车出发了——仅在2秒内就加速到了62英里[1]/小时——然后坠入了一片黑暗。我浑身上下瞬间被激活了，不知不觉间，我开始尖叫。

人类拥有复杂的预测系统，当预测结果与实际经验不符

---

[1] 1英里=1.609千米。——编者注

时，它会举起一面小红旗，让我们处于不确定的状态。[1] 也许最重要的是那些告诉我们如何预期重力变化的系统，即前庭系统和本体感觉（或者身体在不同状态下的感觉）。[19] 大脑将这些系统传递的信息整合，帮助我们决定平衡、加速和方向等。错误的预测使人混乱——就像进入地下室时总误以为下面还有一节台阶。

刺激的游乐设施干扰了人体设计精巧的内部系统，违背了期望，还对"进化的杰作"不屑一顾。它们让我们以人类永远不可能达到的速度奔跑；把我们抛到空中，好像我们会飞一样；让我们快速旋转，以超过人类可以承受的速度。总而言之，它们把身体搞糊涂了。我们很少有机会自然地体会这些感觉——或者说在没有机械的帮助下。在20世纪这些有创意的、刺激的游乐设施出现以前，唯一能感受到这种加速度和方向感的方式，是发生意外。举个例子，被狮子叼着来回摇晃，或者从陡峭的山坡上摔下来，对我们的生存来说，这两者都不是什么好事儿。然而，如今我们制造出各种机器，只是为了体验这些身体感觉，这些我们的祖先根本想象不到的感觉。结果是，这种感觉可能棒极了，也可能让你乞求回到安全温暖的床上，甚至更糟的结果是，死亡。

---

[1] 有趣的是，这也是我们不能胳肢自己的原因。我们的大脑知道我们的手在做什么，所以这并不奇怪。参见 Sarah-Jayne Blakemore, Daniel Wolpert, and Chris Frith, "Why You Can't Tickle Yourself," *NeuroReport Review* 2（August 2000）.

得益于美国前空军军官约翰·斯塔普（John Stapp）的研究，我们知道人体对于重力（即对你身体承重的测量，正常情况下是1G，3G是你体重增加到了3倍时所感受到的重力）变化的承受能力取决于时间、方向，当然了，还有加速度。[20]你可能能够在一秒钟内承受100G的重击，但持续时间越长，我们所能承受的重力越小。超过5G后，大部分人都会感到不适，这是真正的危险降临的时候。加速度和方向的快速改变，对血压有着巨大的影响，可能引起很多疾病，从头昏、"灰视"（视觉敏锐度降低），到昏迷、完全失去意识，甚至死亡。斯塔普在搭乘过山车的实验中（他以科学研究的名义尝试了几个极端的过山车，G力最高达到46G，还有的在1.1秒内达到25G），遭遇了骨折、视网膜脱落、血管破裂和永久性视力损伤。

人体的构造本就不适合这些非自然的体验，这就是为什么我们的身体怕得要死。而且，每个人的承受能力不同。对一些人来说，摩天轮就能引起恶心，而另一些人则在下了6.3G的恐怖之塔（Tower of Terror）后，还觉得不过瘾。对于设计师来说，关键是在4G和6G间找到一个最佳位置，用刚刚好的路线、高度、速度和时间来触发那种感觉，而不会让游客扭伤脖子、生病或者发生危险。

说起过山车，人们通常会提到以下几种感觉："头晕目眩""如飞一般""失重"和"胃下坠"。[21]人们最常提及的

"晕眩感"是由其反重力旋转装置造成的,它会干扰人耳中的半规管(前庭系统的一部分,人体内耳正是由这种复杂而敏感的迷宫构成),而半规管负责感受旋转运动,所以会扰乱我们身体的位觉。当然,旋转装置还彻底打乱了我们的视觉线索(人在旋转时很难聚焦)。很多人非常喜欢晕眩的感觉,特别是刚开始了解自己身体的孩子。对他们来说,这是一种全新的体验和自我探索,有谁小时候不曾转着圈圈,直至跌坐在草地上,天旋地转地对着天空咯咯傻笑?然而,随着年龄的增长,前庭系统也会逐渐老去,人们会越来越难以找到平衡,因此头晕目眩的感觉也就不再那么有趣了。此外,对于成年人来说,那种位觉错乱、失去控制的感觉可能会很难忍受,除非你是想真正放松自己并感受晕眩,这样也许就能重拾童趣。[22]

我个人虽然不讨厌过山车,但是下车后残存的眩晕感会让我在之后的半小时内如醉酒一般,摇摇晃晃,这就显得不划算了。我发现自己的姿势控制(或平衡)能力不佳。我这样的人对眩晕更加敏感(乘坐过山车的亲身体验也多次印证了这一点)。[23] 在玩完 Eejanaika 后,我深刻地体会到了这一点。Eejanaika 有超过 14 次的翻转,并配有旋转座位——下车后足有 5 分钟的时间,我分不清上下左右。

接下来谈谈我最喜欢的失重感。当飞车从陡坡坡峰下落,或是开始向地面俯冲,就在这短暂而珍贵的几秒内,我们会感受到失重。当然,我们并不是真的没有重力,因为失重不同于零重力。在地球上，重力是恒定的，只有通过操控向下的加速度，才能创造出接近零重力的感觉，这种做法极具挑战性。过山车带来的失重感不过几秒钟。而"零重力：失重飞行"（Zero G: Weightless Experience Flight）可创造出长达 7.5 分钟（每次间隔 30 秒）的失重体验，费用仅为 5000 美元。

在稍纵即逝的失重感前后，我们体验到的是人们常说的"胃下坠"的感觉。实际上，这并不完全是一个比喻——它是一种重力作用于胃部的真实感觉，人们的胃部一般以松弛的状态存在于身体内部。当下降的速度超过重力加速度时，比如从六旗大冒险主题公园（Six Flags Great Adventure）的"大暴跌：末日坠落"（Zumanjaro: Drop of Doom）上以 90 英里的时速下降 415 英尺，你会感觉你的胃"在胸中"（另一个常见的描述）。"咚咚啪"向前冲时，会在 1.8 秒内达到时速 106.9 英里，此时你会感觉胃留在了站台上。在玩过之后，我才意识到"咚咚啪"对身体的方位预测和平衡系统会带来极大干扰。那天，我坐在飞车上等待发车，此时扬声器已经开始倒计时，每倒数一下，我就紧张一分，为出发做好准备。最终倒数到零的时候，除了身体有计划地向前倾以外，什么事都没有发生。飞车的设计者巧妙地设计了"假倒计时"和"突然启动"，这种感觉就仿佛我卯足了劲儿去推一扇我认为极重的门，结果不费吹灰之力，门就开了。请记住，重力始终作用在我们身上，而我们的身体预先设定的是重力会持续地以稳定的速率把我们拉回到地面上。如果极大地改变这个速率，或者在你毫无防备的情况下忽然改变，你的身体系统会发生紊乱，并向你发出警报。

乘坐垂直上升的娱乐设施确实会让你的内脏"下坠"到地上，至少是它们能够到达的最低点。这会产生各种奇怪的感觉，一些是由于血压下降，大部分是因为迷走神经向大脑传递的信号。[24] 迷走神经是混合神经，包括传入神经（将信息传递给大脑）和传出神经（接收大脑发出的信息），这些神经从大脑一直延伸到腹部的胃，或者其他位置更低的内脏。迷走神经在威胁反应中扮演着重要角色，它像保护伞一样，收集信息，在出现问题时提醒你。比如，当你搭乘"末日坠落"跳楼机时，迷走神经发现器官正在体内"漂浮"，就将信息传递至处理威胁的大脑边缘系统。苏黎世的研究人员也发现，迷走神经在我们的先天恐惧中起着重要作用。切断老鼠的迷走神经，它对开放空间和明亮灯光的恐惧就会降低。对人来说，可能就是站在大峡谷边上，却不怎么害怕。

迷走神经与副交感神经系统（自主神经系统中负责消化和休息的部分）配合，降低心率和血压。[25] 事实上，它也是让我们感觉更好的神经递质（储存在神经元内的化学物质，通过化学和电信号处理并传递大脑中的信息。[26] 不同的刺激物诱发不同的神经递质反应）发生改变的信号。事实上，研究表明，植入刺激装置，发送电脉冲刺激迷走神经（迷走神经刺激术），可以有效地治疗抑郁症。[1] 毋庸置疑，如果用外科手术植入的装置电击迷走神经可以帮助那些难治性抑郁症患者，不难想象过山车给人们带来的影响。难怪大家会排四小时的队，去体验那两分钟的刺激。

不是所有人都喜欢这种感觉——事实上，这是许多人害怕乘飞机的根源，因为起飞时经常会有这样的感觉。对于有些人来说，强烈的重力感觉像是恐慌症发作，我非常理解。[27] 两者之所以产生类似的感觉，是因为在生理上，它们的本质是相同的：恐慌症发作与威胁反应有同样的系统和症状——出汗、心跳加速、心悸、头晕，基本上就是感觉要死了。经历过恐慌症发作的人，不喜欢这些感觉是情有可原的。幸运的是，很早以前我就坐过过山车，很久之后，我才经常半夜三点醒来，觉得全身好像被隐形的铁砧碾碎了。

对我而言，坐在精密的金属怪兽的小车厢里攀爬到高 141 英尺的顶端，要把全身都压碎的重量和剧烈的心跳没有让我

---

[1] 为了刺激迷走神经，要在患者的左胸壁植入一个类似起搏器的装置，一个电极贴在颈动脉后的迷走神经上。经电极内的电脉冲刺激，迷走神经将信号传递给大脑。研究人员尚不清楚迷走神经刺激为何能抗抑郁。他们认为刺激使与减少压力有关的神经递质发生了变化，如 5-羟色胺、去甲肾上腺素、γ-氨基丁酸和谷氨酸等。对于耐药性的抑郁症患者，这是一项突破性发现，但是这种干预方式受到了一些质疑。精神外科有误用、滥用手术的前科，最著名的是 20 世纪数千起不必要的额叶切除手术（字面上是数千，实际上到 1951 年已完成 20 万起），造成的悲剧让人记忆犹新。因此可以理解，任何一种治疗心理疾病的外科手术，都会引起医学界的关注和犹豫：这些措施会不会彻底改变一个人的特质，以及会不会有人利用人造植入物操纵和控制他人。

第一章　胃下坠

恐慌，而是松了一口气。我知道，过山车在顶部翻转后，我就会像在天上飞一样，没有重量，美妙极了。这只是我喜欢过山车的原因之一。我从来不知道恐慌症发作会持续多久，但我知道坐上过山车后，两分钟内我会回到车站，双脚踏在地上，自由而愉悦。

高飞车穿过了一个"倒置的大礼帽"，经历了两次"飞行时间"，缓慢爬上了一个180度的拐弯，这时，我的尖叫戛然而止。看到轨道垂直向上时，我倒抽了一口气。过山车开到指定位置后，链条升降机开始工作，发出咔哒咔哒声，车箱很快就与地面垂直并开始向上爬升。我被紧紧地绑在座位上，背对着地面。感觉很重，动弹不得，像一袋土豆（重力分散作用于我们的器官，我们不能像感知皮肤一样清晰地"感受"器官，但我们的神经能收到身体内不同的"模糊"感受）。除了链条升降机发出的咔哒声，耳边一片寂静。凝视着眼前开阔的天空，我觉得整个世界在一点点向下坠，我准备好升空了。

过山车慢慢爬上陡峭的山峰，在顶点处停了下来，这种期待让人难以忍受。眼前的景色美得惊人：远处的富士山映衬在晴朗的天空下，用超群的智慧俯视着我。但这一刻并没有持续多久。我的注意力很快又回到了面前消失的轨道上。因为拐角是121度，你几乎看不到轨道，因为它是向内弯进去的。这很恐怖，看起来就像飞车马上要脱轨并坠落到地面，乘客们会像一袋土豆一样散落空中。

当过山车一步一步爬升至最高点时,我的双腿控制不住地抖,不断喊着"我的妈呀!我的妈呀!"吊在141英尺的半空中,我感觉身上每一块肌肉都紧紧包着骨头,我努力克服极限的感觉,为最终坠落做着准备。我咬紧牙关,努力将握紧的拳头举过头顶,尽可能地张开双臂(这动作让人更紧张!)。终于,车驶过顶点,向地面俯冲。我用最大的声音尖叫,脸上布满了泪水。

大声尖叫的时候释放出了一些东西,有些甚至有点危险。尖叫是人类生存进化的工具之一,吓跑掠夺者的同时,提醒他人注意附近的危险。[28] 此外,脸在做出尖叫的表情时,使人更加警觉,强化了威胁反应(就像闻到讨厌的气味时皱鼻子,可以阻止吸入更多气味)。多伦多大学的亚当·安德森(Adam Anderson)发现,人们做出恐惧的表情时,视野范围扩大,眼球运动速度加快,鼻子的呼吸频率增加,嗅觉更加敏锐。

无论是短促的尖叫还是长长的哀嚎,都是在压力状态下的本能反应,但这种行为不被社会所接受,除了在特定的环境中——比如搭乘过山车时,在鬼屋里和在真正的危险中。作为一种被克制或是监管的行为,(在安全的时候)尖叫让人觉得有点叛逆;有多少人曾想过在教堂、教室或是没完没了的工作会议中反抗地大喊?对于每天克制尖叫冲动的人来说,真正的放松就像是一种宣泄,特别是那些对冲动控制有障碍的人,如多动症患者(表现为注意力不集中,不能安静坐着,做事冲动)。控制自己不去做某件事情带来的焦虑、耗费的专注力令人筋疲力尽。刺激的活动为控制内心冲动的"警察"提供了安全的空间,让"他们"能够休息片刻。

其他人将其描述为抒发"压抑情感"(bottled-up emotions)的方式。[29] 在西方社会,人们都知道压抑情感,不管是"发泄一些坏情绪"还是"打开情绪的大门",人们普遍认为情绪以某种方式存储在我们体内。事实上,我们体内并不真正储存情绪。虽然我们很容易以为我们体内有一个蓄水池,里面充满了痛苦、悲伤和幸福(不管你怎么定义它们),但事实并非如此。[30] 相反,不同的刺激(可以是任何事情,从一个想法到一只活生生的熊)诱发不同的化学反应,使我们感受到当下的情绪。过山车驶过顶点时,我流下了眼泪,是因为干燥的风诱发了反射性眼泪(reflex tears)和基础泪(basal tears),高唤醒反应(high arousal response)诱发与激烈的情绪相关的"精神"眼泪("psychic" tears)(是的,眼泪分为三种)。[31] 但是,尽管压抑情感不是真实的生理现象,它们还是很有意义的。观念和意义意味着一切——因此,如果你相信大声尖叫或是嚎啕大哭可以释放压抑情感,你会感觉更好。[1]

---

[1] 原始狂叫疗法(Primal Scream Therapy):使患者在重温创伤经历时大声尖叫。这种疗法已被心理学家否定,称其对抚平心理创伤或改善心理健康收效甚微。事实上,这种疗法进一步将高唤醒情绪与负面记忆联系起来,可能造成更多伤害。

高飞车进入最后一圈翻转时，我不再控制自己，肆无忌惮地尖叫、大笑。所有的悲伤、难为情和尴尬都消失了。列车回到车站的时候，我全身发麻，觉得自己还在向前行进。我只想坐在座位上，再玩一次。我不确定自己还能不能站起来，我的双腿发软——这袋土豆已经被捣碎了。但我仍觉得充满活力，心情愉快，非常兴奋。

友善的工作人员立刻过来，扶我出去。我长长地吁了一口气，回头看看高耸入云的过山车，想到了为建造这趟2分钟、而游客愿意排队等候4个小时的过山车，人们所付出的智慧、时间、精力、劳动和3200万美元。

那一天，我在各个项目间穿梭，甚至玩了日本距离最长（2014年为世界第二长）的鬼屋"颤栗迷宫"（Super Scary Labyrinth of Fear），又名"慈急综合病院"（Haunted Hospital）。不可否认，每当我转过身，想和别人一起赞叹"天啊，酷毙了"，却想起只有我一个人来了的时候，我的热情都会被浇灭。倒不是为自己感到难过，我一直觉得自己能来这儿，是莫大的幸运和荣幸。我不是不能独自做事情的人——恰恰相反——当时我只是想要与人分享，希望我关心的人也能体会到这种刺激。分享的感觉棒极了（实际也是这样。与人分享时，大脑会释放多巴胺，一种让人感觉良好的神经递质）。[32]前面也提到过，跟他人，尤其是好朋友，一起经历一种情绪时，情绪会得到强化。弗吉尼亚情感神经科学实验室（Virginia Affective Neuroscience Laboratory）主任、《情绪激发与评估手册》(*The Handbook of Emotion Elicitation and Assessment*)的作者詹姆斯·科恩(James Coan),为我这种难过提供了一种解释:基本上,当我们独自进行进化上突出的活动(那些能激发我们战斗或逃跑反应的,或影响我们生存的活动)时,我们发现这些活动的回报更少。我们已经进化得要待在一起,尤其是在有压力的时候。[33] 但我努力往好的方面想:我从来没有一个人玩一整天的过山车,我可以将它与和朋友们一起玩的经历相比较。我可以很自信地说,虽然富士急乐园给我带来了最惊险刺激的感觉,但如果和朋友们一起来,会更好玩。尽管如此,那天我离开乐园的时候,依然情绪高昂。

不过几分钟的经历,就让我的一天发生了天翻地覆的改变,这太了不起了。如果每天一起床就坐一次过山车,我的生活会变成什么样子呢?我想知道如果这种感觉持续的时间更长,比如,一个小时,或者再久,会怎么样?这样的刺激能让好心情持续的时间更长吗?一个星期,或者一个月?我的下一站将帮助我回答这个问题。

加拿大国家电视塔的"边缘漫步"。
本照片由加拿大国家电视塔提供。

第二章

恐高症

对恐高的人来说,位于加拿大多伦多国家电视塔的"边缘漫步"(CN Tower EdgeWalk)可能是地球上最糟糕的地方。我说可能,是因为"地球上"这个词值得商榷:这座通信塔实际上只有几千平方英尺的塔身在地球上,细长的脊柱则延伸到1000英尺以上的天空中。"边缘漫步"项目入选了"世界最高建筑物外边缘行走"的吉尼斯世界记录。参观者来到观景台外,沿着5英尺宽的金属格板步道行走。他们被安全带吊在步道上方的安全轨道上,这使他们得以放开双手,探出身体。观景台没有护栏。

这座坚固的、混凝土筑成的通信塔高 1815.4 英尺，落成于 1976 年。从远处看，它就像是西雅图太空针塔（Seattle Space Needle）和巨型光剑的合体，尤其在夜晚，灯全部点亮的时候。这座塔打破了无数世界纪录，获得了多项大奖：它一直是世界上最高的自立式建筑物，直到 2010 年，被迪拜的哈利法塔（Burj Khalifa）和中国的广州塔取代；还被美国土木工程师协会（American Society of Civil Engineers）列为世界七大工程奇迹，并迅速成为加拿大的骄傲。今天它作为主要旅游景点而闻名，每年吸引超过 200 万名游客。尽管如此，它现在仍为 30 多家多伦多的电视台、电台、移动通信和传呼台发射信号。"边缘漫步"于 2011 年电视塔建成 35 周年时推出，"仅"有 1168 英尺高（约 116 层楼）。

如今，站在半空中的狭窄走道上，只是众多非典型度假方式中的一种。此外还有火山滑板、火车冲浪（在飞驰的火车顶部跑动）、空气弹射（人被发射器弹射到空中）、太空球（把自己固定在一个大球里，滚下山）和走软绳（走在拉的不是很紧的绳上）。近来，刺激体验似乎成了普通景点吸引游客的主要方式。是的，拥有自助餐和清澈碧蓝海水的奢华酒店，仍有其吸引力，但是 21 世纪的人们需要亲身参与的体验。博物馆、历史古迹和国家级地标逐渐增加了一些活动，使旅客由被动的观察者变为主动的参与者。现在，你不仅能在大峡谷边上瞭望，还能站在科罗拉多河中间透明的桥上俯瞰。[1]面对能将我们置于死地的威胁，我们怎么能如此大胆？

所有人类都经历过与高度有关的生理症状。[34]毕竟，我们是人而不是鸟。即便是在古希腊、古罗马和古代中国的文献中，也充满了对于恐高的描述：视力模糊、眩晕。公元前5世纪，古希腊的《希波克拉底全集》中贴切地描述道："全身肌肉松弛。"对于高度，适当的恐惧是正常的，我们又不能飞！但这并没有阻止我们寻找创新的方式来克服对高度的恐惧。我们想要像鸟一样穿过云层，体会那种感受，哪怕只有短暂的一瞬间。

数千年来，人们一直在跳出高层建筑，或悬挂在高层建筑外。[35]事实上，降落伞的使用可以追溯到12世纪的中国。在瓦努阿图（Vanuatu，位于南太平洋西部，由83个岛屿组成）的彭特科斯特岛（Pentecost Island），就村民的记忆所及（"很多个世纪"），男人会将藤蔓缠在脚踝上，从高大的木制平台上，头朝下跳下[2]。阿兹特克人也有类似的飞人舞蹈（Dance of Flyers）或高杆飞人（Palo Flying），表演者爬到杆子顶部，一边演奏传统音乐一边跳舞。

20世纪20年代，"马戏飞行员"（barnstormers）在美国

---

[1] 2014年10月，法国巴黎的埃菲尔铁塔在187英尺处增加了玻璃地面。
[2] 这项活动起源于流传了几个世纪的传说，是蹦极的前身。如今这项活动依然流行，成了观光景点。

表演空中飞行时，会用降落伞降落到人群中。这时，美国人开始接触高空运动，体会高度带来的刺激。20世纪60年代末，高空跳伞这一由雷蒙德·杨（Raymond Young）于十几年前提出的术语，已经成了一项商业活动。人们为了乐趣参加训练，获得认证，跳下飞机。迄今，人类已经成功完成了数百万次自由跳伞——高度从高楼和悬崖的定点跳伞（base jumping），到费利克斯·鲍姆加特纳（Felix Baumgartner）在2012年10月14日刷新的跳伞新纪录。他从128000英尺处跳下，是迄今为止速度最快、最高的跳伞。

尽管人们认为跳伞是人类所做的最危险和最大胆的活动之一，事实上，这项运动却是非常安全的，当然，只要是在专业人士的指导下。2013年，共进行了320万次跳伞，其中，发生意外24起。每千次跳伞约有0.00075人身亡，而双人跳伞则是每千次有0.003人身亡。我们更可能死于自杀、溺水、触电、小行星撞击、雷击或依法执行死刑。

接着是蹦极，另一种由传统发展而来的惊险运动。现代蹦极始于1979年，在英国布里斯托尔（Bristol）的克利夫顿吊桥（Clifton Suspension Bridge）上，进行这项活动的是牛津大学危险运动俱乐部（Oxford University Dangerous Sports Club）的成员。[1]他们引起了媒体的注意，后者拍摄了这项危

---

[1] 跳伞队员当时被捕，但后来他们继续从全球著名的大桥和地标性建筑上跳下，包括金门大桥（Golden Gate Bridge）、皇家峡谷大桥（Royal Gorge Bridges），甚至还有热气球。

险运动，让全国人民知道了这一全新的极限运动。很快，蹦极、滑翔伞、滑索、荡绳和其他高空挑战在世界各地涌现出来[1]，自1979年的首次蹦极以来，人们完成了数百万次成功跳跃，以各种别出心裁的方式，包括最近流行的热气球蹦极：从热气球上跳下，然后跳伞降落到地面上。有些人甚至把跳伞与单板滑雪结合，跳伞跳到山顶，再滑雪下山。

我原以为"边缘漫步"会是整个旅程中最简单的冒险之一，毕竟我没有恐高症，对高度没有病态的恐惧（这里的"恐惧"指能严重影响人的行为能力的情绪）。恐高症患者占总人口的3%—5%。我也不是占总人口28%的那部分人，有心理学家所说的"视觉高度耐受不良"的经历，看见高楼大厦、大桥和悬崖时会不安和烦躁。他们可能会避开高的地方，但高度不会影响他们的行为能力。我玩过室内和室外攀岩，小时候也经常爬树，所以对即将面对的高度很有信心。我那年在跳伞之前，显然更加紧张，结果，那次非常快乐和享受，一点也不害怕。所以这一章才要讲加拿大国家电视塔的经历。事实证明，爬高大的树时镇定自若是一回事，用安全带悬挂在116层高的建筑边缘就完全是另一回事了。

---

[1] 20世纪80年代，阿伦·约翰·哈克特（A. J. Hackett，蹦极之父）在新西兰的皇后镇创建了一家蹦极中心，在商业上获得了巨大的成功。该中心在世界各地设有分支机构。

到了以后，我站在塔底，直直地向上看，想要欣赏它的宏伟，却立刻感到头晕（第一个意料之外的感觉，后面还有很多），甚至当我扶住一张长椅，想要稳住身体的时候，还是控制不住地向上看。这是一种颠覆性的体验，很快就有始料未及的事情打断我的遐想：几十个小孩在我脚边玩闹。入口处乱哄哄的，到处都是推着婴儿车的大人和吵闹的孩子。我没有社交恐惧症，通常情况下，人群也不会对我造成困扰。但在这样一座巨大而宏伟的塔里，听着孩子们哭泣、尖叫（他们肯定也在笑，但我没听见），我不自觉地大喊了一句"啊！"

通常来说，体验到一种敬畏感，就像站在巨大的建筑之下，或者说，站在一座高山脚下，大多数人感受到的那样，会让人产生更多的亲社会行为。加州大学伯克利分校（University of California, Berkeley）至善科学中心（Greater Good Science Center）的联席主任达奇纳·凯尔特纳（Dachner Keltner）发现，令人敬畏的时刻会让人感到更谦逊、谦卑，甚至会帮助他人。[36] 可这不是我的体验；相反，我感到沮丧和焦虑，对哭泣的孩子不知所措。从具体的语境看，这是有道理的：我的大脑把注意力转移到那件可能伤害我们的事情上，此时情绪管理变成了一大挑战。心理学家甘蒂丝·瑞欧（Candace Raio）和同事们近期证实，即使在实验室内经过多次成功的情绪管理练习，在现实生活中，真的面对恐惧时，大多数人仍无法运用那些技巧：接受、重新评价、告诉自己这些事情很简单。[37] 下次有人跟你说他压力很大的时候，不要说话，听

第二章 恐高症

他说。

我急忙找到"边缘漫步"的入口，进入舒适的更衣室，将吵闹的人群挡在了落地玻璃外。在那儿，遇到了将要一起完成漫步的一伙儿人。一共5个人，正在用法语聊天。

这时，负责我们的两个向导进来了——玛戈特（Margot）是我们漫步时的向导，而克里斯（Chris）则负责漫步前的准备工作。从进门的那一刻起，他们就掌控了全局。他们用了很多巧妙而有效的小技巧，很多在公共机构工作的人，比如医生、警察或空姐，都学习过这些技巧。举个例子，走路时挺胸抬头，充满自信；语调大声而友好；甚至调整句子结构。向导们显然受过这方面的培训。他们并没有要求大家围成一圈，而是高高兴兴地大声说："大家过来一下，我们来讲讲要怎么做。"他们没有说"来这里好吗？"而是将手放在我们肩上，说："站到这儿来。"他们的指导不是邀请，而是委婉的命令。几个月后，我跳伞的时候，会再次看到这种方法——权威和亲和的完美平衡。对于任何需要严格遵守规定的情况，这都是至关重要的。[1] 如果有人在地面上就不遵守指令，在天

---

[1] 在冒险旅程中，我被人用各种你能想象到的方式推搡、拉扯以及粗暴地对待过（而且签了至少七次责任豁免书，明确即使死亡，也不追究该机构的责任）。对加拿大国家电视塔的向导们、过山车的工作人员和鬼屋的演员们来说，我就像他们手里的牵线木偶。克服这种无法控制自我的感觉本身就是一种冒险，但我知道如果我想完成梦想，就必须这样做。双人跳伞时，在3000英尺的高空中，舱门打开时，我的搭档抓起我，把我放到他的膝盖上，手臂环抱着我。老实说，陌生人的危险，是我当时最后才会担心的事情。

空中更不会遵守。最好尽早发现他们。无论安全带和钢索有多么牢固，你都必须知道你的伙伴是什么人。人们在害怕时会做不理性的事情。

第一次安全检查虽然出乎意料，却也说明了疯狂的行为令人担忧——我们必须通过酒精测试。接下来的检查完全意想不到：检查衣服，看看是否携带了爆炸物。我想问这道安检是不是有针对性：过去是否有人在身上绑爆炸物，想要炸毁电视塔？还没来得及提问，向导们就像警察和边防士兵一样抓住我。然后，除了裤子和上衣，我们不得不脱下几乎所有配饰，手脚张开，接受手持金属探测器的扫描。

站成一圈让人很脆弱，周围又都是陌生人。我开始想象各种各样可怕的事情，比如有人上塔时把刀放在兜里，准备杀人或自杀。不知道是不是有意为之，向导们一直强调我们接下来要做的事情非常危险、非常恐怖。我越来越紧张。

我们穿上橙色的跳伞服，系了安全带，进入一个挤满了人的电梯。在15层的办公大楼里乘坐电梯轻而易举，我们早已习以为常。但穿得像犯人一样，和一群陌生的法国人一起挤在罐头大小的电梯里上升1100英尺，就截然不同了。电梯很挤，我很热，耳朵开始嗡嗡作响。我低头透过电梯底部磨损的玻璃盯着快速消失的地面，觉得有点反胃。我决定闭上眼睛，不去想自己困在了电梯里。这是我能想到的最好的方法了。当然，没有起到任何作用，因为大脑中有个叫作海马体的部分,非常高效。[38]

　　大脑判断情况是否危险的一种方式是检索海马体,寻找过去相似的经历。我们清楚地记得那些可怕的和令人兴奋的事——这通常被称为"闪光灯记忆"(flashbulb memories),因为我们被"唤醒"时,如在逃跑或战斗反应中释放的化学物质和荷尔蒙,让这些记忆植根于脑海中。这样我们就会记住那些害怕(或者喜爱)的人或事,下一次遇到时知道躲避(或者接近)。海马体很神奇,可以把它想象成一个有无限容量的多格"U"形文件柜,里面有一个非常聪明的归档员,知道怎么存储记忆以及什么时候检索它们。海马体可以在我们无意识的状态下,在几毫秒内,使我们想起此前经历中的景象、声音、味道、地点或行为所触发的记忆。海马体与我们的杏仁核有很强的联结,它们共同创造出一个记忆的反馈回路,产生带来另一种记忆的感觉,等等。也许每当走过你朋友被抢的那条胡同时,你都会颤抖,或者闻到汽油味就感到紧张,因为知道挥舞着电锯的疯子要走过来。又或者,像我一样,一进电梯就绷紧神经,做最坏的打算。

　　我在电视塔的电梯里闭上双眼,仿佛回到了在匹兹堡退伍军人医院,被困在两层之间的电梯里的时候。我从没想象过自己会害怕这种时候,而当时,待在毫无生气的钢板箱里,不知道什么时候能出去,这让我非常恐慌。我开始心悸,呼吸急促,来回踱步——如果不知道什么时候结束,几分钟也很漫长。在第十次按下"紧急呼叫"按钮而没有收到任何回应后，我停了下来，深吸一口气，告诉自己要放松，我可以坐下来，翘个二郎腿，休息一会儿。直到我得救，这招很管用。讽刺的是，当门被撬开时，虚弱的恐惧压倒了我狡猾的心理操纵。维修人员把电梯门撬开了一道2英尺高的缝儿，看到电梯和距离最近的楼层之间还有4英尺，这意味着我必须跳起来，爬出电梯。他伸出手，说"来吧"，但我看到的只有电梯撞向地面时，将他的胳膊扯断的画面。在那之前，我没有想过太多电梯电缆突然折断的情况，一想到断手断脚、断头和死亡的画面，我就一动也不动。救援人员一直在跟我讲话，从循循善诱变成严厉的命令，然后，我才跳起来。直到今天，每次坐电梯时，我都会想，如果困在这里怎么办。"边缘漫步"有116层楼高，我有很多时间可以想象。

电梯门终于打开了，我好像走进了科幻电影的拍摄地：地面上白色的金属网格，绳子、链条和安全带从天花板上垂下，很多台电脑，墙上挂着大的显示屏，从金属斜坡顶端看出去，能看到一望无际的蓝天。我期待着能看见飞碟，看见哈里森·福特[1]也行。我们靠着墙站成一列，系好绳索、安全带，扣好登山扣，有点像人形木偶。我禁不住想，要是轨道裂了怎么办？安全带断了呢？我假设了每一种可能出错的情况，虽然这毫无意义——要么走出去完成项目，要么离开；

---

[1] Harrison Ford，美国电影演员，曾主演《夺宝奇兵》《星球大战》。——译者注

要么信任向导,要么不信。我选择信任向导,完成项目。然后我们就走出了塔身,来到了高空。

再会吧,正在写一本关于恐惧的书的冷静自持的分析社会学家。你好啊,原始的我。我透过脚下5英尺宽的金属格板向下看,每个方格空隙的面积格至少有6×4英寸——绝对能放下孩子的一只脚。我(呃,是我的身体)停下了,再也不想往前走了。我控制不住地盯着人行道上移动的人,他们现在像胡椒碎一样小。"我的妈呀。"我屏住呼吸,低声说道。玛戈特在说话,但我不知道她在说些什么。我的太阳穴发涨,血流加快,心怦怦跳——像全力冲刺了30秒。身边一片寂静,仿佛我在水底。风很大,我眯起双眼,但怎么也不能集中精力。我想用手捂住脸,但是我太害怕了,不敢放开绳子。我头晕,分不清东南西北,但我并不是在过山车的轨道上翻转。我站在原地,呆若木鸡。

这些都是与战斗或逃跑反应相关的症状,也与眩晕有关——当人和距离最近的静止物体之间相隔太远,找不到维持平衡的参考点时,这种症状就可能出现。[39](事实上,当我从地面抬头向上看时,就是小型发作。)姿势控制能力较差的人经常发生眩晕,这种能力负责保持平衡,让身体内部系统与外界环境保持同步。[40] 如果你姿势控制能力较差(显然,我就是这种人,至少当我站在距地面1168英尺的金属环形走道上的时候是),就更依赖视觉提示来保持平衡,所以当视觉提示消失时,身体内部系统就会感到混乱。这就是为什么小时候，我爬上30英尺高的树上没问题，而现在在1168英尺的高空中抓狂了（这种表达是有充分理由的）。

我站在格板上一动不动，好像忘了该怎么走路，同时克制着自己想要逃跑的冲动。我的战斗或逃跑反应进入"行动"模式。[41]当身体出现战斗或逃跑反应时，自主神经系统——控制我们的呼吸、心率、消化，甚至性唤起等重要的生命系统——的交感神经会分泌大量化学物质，立即做出反应，释放出"行动"荷尔蒙，包括肾上腺分泌的肾上腺素和去甲肾上腺素（去甲肾上腺素也作用于脊髓，减轻疼痛）。这种反应有时是下意识的，我们甚至会意识不到自己做出了回应。结果，我们的身体进入过度驱动状态，释放出另一种压力荷尔蒙——皮质醇。它将脂肪酸转化为能量，输送到肌肉中，为任何可能的行为做准备。同时增高血压，使氧气和葡萄糖可以传输到体内各处。还有一些其他影响：暂时失去听力并出现管状视力。所有这些都是为了让我们把精力集中在逃生上，让我们的身体变成强有力的战斗机器，随时可以迎接战斗。

我的身体显然处于"行动"模式，但我并不觉得自己是一个强大的战斗机器。我的双腿不受控制地颤抖着；通常这种情况发生在过山车上，那时我并不需要站着，而且过山车一般只有两分钟。对我而言，这是全新的体验。我想要让自己振作，但无法专心听玛戈特在说什么。我不能思考，这也是一种本能反应，为了让我们集中精力逃生。负责理性和逻辑决策的前额皮层，让位给大脑中更低级、更原始的部分，显示出了"古老"的动物本能。我们感到害怕时,很难进行思考(这一点,我今后将反复学到)。我有种非常奇怪的感觉,好像一股又一股热浪穿过了我的身体。

然后,意想不到的事情发生了:我尿裤子了。或者说,我觉得自己尿裤子了。我知道很多人惊慌失措的时候会尿裤子,原因也是众说纷纭。交感神经系统确实会抑制或者关闭消化系统,使血液流向肌肉,但膀胱不一定会松弛。副交感神经系统与交感神经作用相反,负责调节安静状态下的生理平衡和消化系统,但也不一定会导致你尿裤子。比较可能的原因是,我们太害怕了,忘了要"憋着"。前额皮层负责发送信号,让我们控制排尿——但正如前面所说的,我们害怕时,前额皮层未必能顺利发送信号。[42]

我在鬼屋的时候看过很多次,人们湿着裤子出来,那时我想,"这种事情绝对不会发生在我身上,太尴尬了"。现在轮到我了,然而,因为在"边缘漫步"的平台上吓得一动也不敢动,我很难确定是不是真的尿裤子了:我分不出干湿、冷热、上下。我全身像着了火一样,血流急速流动,在强风中感觉更加强烈。我想伸手检查一下尿湿的地方,却不敢松开绳子。每次我想低下头看看跳伞服,目光都掠过双腿,直接盯向地面。

突然之间,屈辱和挫败成了我唯一能想到的事情。这是人类心理很有意思的一点——不同情绪状态产生的心理和化学反应可以相互抵触,但通常是以一种适于生存的方式。情绪反应征用或使用相同的大脑结构——有时是相反的方向。比如，彼得·德容（Peter de Jong）和同事们发现性唤醒可以抵消或减少恶心的感觉（花一秒钟想想性爱的场景……嗯，是的）。[43] 同情（与多巴胺和5-羟色胺有关）的"光芒"被绝望和无助挡住，困在退伍军人医院的电梯里时，救援人员让我自己"爬出来"，这让我沮丧而挫败，但最终让我"振作起来"。

保罗·斯洛维奇（Paul Slovic）最近在研究中观察到，人们愿意给一个而不是几百个孩子捐钱。[44] 帮助一个孩子让人感觉很好，好像我们起了重要的作用，但是如果我们发现这种需求很大，就会感到无力。一般情况下，这场情绪斗争的胜利者应该能帮助我们活下去，而且效率最高。现代社会中，我们的生存更多地取决于社会关系，而不是生存能力，比如知道如何躲过熊的袭击。毫无疑问，当众丢脸和社交恐惧症，比突然死亡更让人恐惧。[1] 以为自己尿裤子了让我很尴尬，并成了我最关心的事，这让我的思考能力得以"上线"。最后，我终于能够低下头，看看裤子，谢天谢地，它是干的。像我之前提过的，当人们害怕时，会做出不理智的行为。

在玛戈特的催促下，我转过身，背对着天空，专心致志地盯着面前的安全带和建筑。我做了几次深呼吸，告诉自己要勇敢，不要低头。转过身的时候，我看到了令人惊叹的美

---

[1] 据美国国家精神卫生研究所（National Institute of Mental Health），广泛性焦虑症和社交恐惧症在美国最为普遍。

景。我们在塔的东南侧，面前就是安大略湖的碧波，映照着清澈的蓝天，天上朵朵白云，还有地球的弧线——我发誓我看到了。

回到正题，玛戈特告诉我们，现在该环绕塔楼，进行她称之为"特技表演"的内容了。首先，转身，背对着天空（对我来说，"天空"这个词似乎没有"地面"那么可怕，但我想这只是我的个人看法），慢慢下蹲，直到绳索和安全带能支撑全部的体重，基本上我要坐在塔边。然后分开双腿，与肩同宽，坐在安全带上（仍然在窄窄的台子上），但很快就停了下来，因为觉得要滑出去了。（玛戈特保证这是正常现象，这只让我放松了那么那么那么一点点，然后继续进行"特技"。）我颤抖着后退了一小步，停下来，闭上眼，尽量不要晕过去。接着，向后倒，直到脚后跟踩到了边上，足弓抵住金属格板。身体的每个部位都告诉我这不是什么好主意。"天啊"，我低声说。

我低头看了一下，深吸一口气，继续向后倒，直到整个身体都挂在这根离地面116层楼高的绳子上。我慢慢伸直双腿，直到和身体垂直，随后把手从绳子上拿开，马上又抓住了：我还没准备好。

这真是我最恐怖的经历了（在生理刺激方面，至今仍然高居榜首），而当玛戈特问我要不要在边上悬一会儿时，我却听到从自己嘴里传出的"好"，我都不记得这么说过。后来看这段视频，我的脸上带着巨大的笑容。

我又向下瞟了一眼。汽笛啤酒厂（Steam Whistle Brewing

Company)坐落在一个非常大的老火车站内。椭圆形的院子里,有一列年代久远的火车停在老旧的轨道上,从这个距离看,就像是孩子的玩具。我看向更远处,发现了罗杰斯中心(Rodgers Center),一处占地11.5英亩的棒球场,也是世界上第一个屋顶可以自由开合的体育场。体育场高达282英尺(31层),然而从电视塔上看,它就像一个小小的圆形棉花糖。我把视线转向右边,俯视着瑞普利水族馆(Ripley's Aquarium of Canada),它的屋顶上画了一只大鲨鱼。我看到那只鲨鱼,就想象身上的绳子突然断掉,自己落进鲨鱼嘴里,想到这儿,又一股热浪流遍全身。我从来没这么害怕鲨鱼。[1]

我们走过塔的四分之一,开始下一项特技表演:先是脸,然后整个身子从塔上探出。估摸着过去了15分钟,我逐渐感觉到自在了,但一想到脸朝地面探出身,就让我回到蜥蜴脑模式(无意识思维)。组内每位成员基本上都完成了这项任务,只是做法有点不同——有的人像婴儿学步一样慢慢挪动,全程不往下看;有的人则昂首阔步地走到边上,停下来,慢慢

---

[1] 另一个有趣的事实是:我们的杏仁核对倒三角形图像——换句话说,就是鲨鱼的牙齿——有很强烈的反应。克莉丝汀·拉森(Christine Larson)、乔尔·阿罗诺夫(Joel Aronoff)、伊西多罗斯·萨里诺普洛斯(Issidoros Sarinopoulous)和大卫·C. 朱(David C. Zhu)在他们的研究"识别威胁:一个简单的几何图形激活神经电路以进行威胁检测"(Recognizing Threat: A Simple Geometric Shape Activates Neural Circuitry for Threat Detection, *Journal of Cognitive Neuroscience* 21, 8 [2008]: 1523—1535)中报告说,即便是一个简单的、没有上下文的、指向下方的"v",也可以触发我们大脑中的威胁中心。

蹲下。我想像身边的那个女人一样跑到边上，整个人倒下去，却发现自己再一次，蹒跚着，像婴儿学步一样挪动，就像膝盖无法弯曲一样。我逼自己走到离边缘还有约4英寸的地方，这是我的极限了。我拼命地想记住指令，把绳子拿到身前，准备推开，但我的手紧紧地抓着绳子。我不断地提醒自己，安全绳能承受几百磅的重量，缆绳能支撑15000磅，我不可能掉下去。最后，我终于可以放开绳子，把整个身子探出去，待了两秒多钟。我慢慢地抬起脚跟，只有脚趾扣着金属格板，把身子向外探。我这么做的时候，玛戈特有点惊讶，但这不是因为我勇敢。我只是想尽量按指导做，不要死在这里，只是我已经忘了脚尖会造成"额外的冒险"。

　　我低头看看，在绳子上放松了一下，但这很糟糕。我立刻失去了在格板上的平衡，向前栽倒。就像我在电梯里想象斩首场景一样，我想象自己撞上了金属架，（显然）那会切断绳子，让我冲向多伦多市区。我觉得胃在下坠，好像在过山车上，在我跳回来时，一股热流穿过。每当我想到坠落，都会这样。我告诉自己别想了。想着坠落，就让我觉得自己正在下坠，只要没有想到坠落，我就觉得安全（大脑简直让人难以置信）。我再次走到边上，探出身向下看，看到人们像胡椒碎一样四处走动，我抬头看向前方的建筑物，伸出一只手，尽可能摆出了最好看的超级女孩（Supergirl）姿势。我没有坠落，我在飞翔，我觉得自己很强大。

　　我们又绕塔走了四分之一，现在面朝北方。多伦多的一切都在我的脚下，我像是在城市的地图上盘旋。可以看到唐人街熙熙攘攘的街道，和一些巨大而宏伟的建筑，我完全记不起它们的名字，但它们很漂亮。这一次我们会做相同的特技表演，但不是面朝下，我们这次背对地面，向后倒，而不是和第一次一样向前弯腰。有点像信任背摔（trust fall，一项心理素质拓展活动，旨在建立团队成员间的信任），只是需要很多信任，并祈求不要跌下去。我越来越舒服，但向下看，或者后退到边上，把脚后跟悬在空中仍然是一个挑战。这感觉就像脑中负责思考的部分和深深隐藏着的动物性之间在进行一场持续斗争。一旦我抬起头，往后靠，就很容易假装距地面只有5英尺。我尽情伸展胳膊和腿，努力后仰，看向天空。团队成员们同时做到了这一点，我们比了一个大大的"耶!!!"这真是令人兴奋，现在每当我觉得紧张或脆弱时，都会回想那一刻的感觉。

到达塔的南侧时，距离迈出第一步已经过去了约40分钟，我觉得轻松自在。我向前倾，探身出去，听着风声凝视远方，然后闭上了眼睛。这样的时刻充满活力和刺激，肾上腺素和去甲肾上腺素与之密切相关。但是我那时产生的感觉与它们无关（血液和身体中的肾上腺素都不会影响我们的情绪，血液对大脑中的神经元是有毒的）。得益于副交感神经系统，以及与战斗或逃跑有关的其他化学物质，即可以减少压力的皮质醇、内啡肽、多巴胺、血清素、内多卡大麻素和所谓"爱激素"的后叶催产素，我很平静，几近恍惚。

这些仅仅是研究人员已经命名的化学物质的一部分，它们与幸福感有关。在接下来的旅程中，我将继续探索和了解它们。我们的大脑非常复杂，要是能直接说化学物质 x= 感觉 y，当然很好，但事实远比这复杂。基本情况是这样：多巴胺让人产生温暖的爱的感觉，这与我们做自己喜欢的事情，比如吃好吃的或做爱时的感觉一样。大卫·扎德（David Zald）和同事们发现，多巴胺系统非常高效的人更喜欢追求刺激，他们希望获得格外强烈的愉悦感。[45] 后叶催产素是生产后增强母亲与孩子间联系的荷尔蒙，也让我们亲近安全的人，远离危险，因此在战斗或逃跑反应中发挥重要作用。[46] 5-羟色胺是一种神经递质，类似于机器中的油，使大脑顺利高效地工作。[47]

接着是内啡肽。它的名称由两部分组成："内"（endo）的意思是内生的，或从体内产生的，而"啡肽"（orphin）的意思是"像吗啡"一样，它实际上是体内产生的类似于吗啡的物质。它在人痛苦和快乐时产生，作用与鸦片制剂类似，都使人产生一种幸福感。

内啡肽的故事实际上比大多数人想象的要复杂得多。[48] 一方面，有不止一种类型的内啡肽（约40种），就像多巴胺、5-羟色胺也有很多类型一样。它们被分为三类：内啡肽、脑啡肽（可以在眼泪中找到！）和强啡肽。三者都与大脑中的阿片受体结合，减轻疼痛感，但只有内啡肽和脑啡肽与某些阿片受体（μ型和δ型）结合，产生每个人都渴望的兴奋感。与所有系统一样，每个人产生和利用这些化学物质的效率也各不相同。

身体探出去之后，我睁开眼睛，看着水面，有一种温暖的舒适感（不是觉得自己尿裤子时的那种温暖）。我脑中所有的"杂念"都停止了，我感到安宁而平和。我非常放松，没有听到玛戈特说该回去了。

坐电梯回去时也没有那么难受了。耳朵虽然仍嗡嗡响，但我不在乎。我兴高采烈，团队中的其他成员也一样，因为他们大笑又大叫。

"边缘漫步"是一种独一无二的体验。坐一次长达40分钟的过山车，虽然与这次的体验很类似，那也只是"边缘漫步"的一部分体验而已。这次漫步让我的身体一直处于威胁反应的高唤醒状态，像坐过山车一样。但这种感觉却并不止两分钟，我花了难忘的40分钟把注意力转向内心，体会身体的感觉。我能够突破边缘系统传送的势不可挡的信息，与身体对话，观察自己在思考不同事物或尝试不同特技时身体的反应。我有时间挑战自己。我没有被绑在一辆过山车上，没有人逼我。虽然玛戈特鼓励我，但是必须是我自己把身体移动到边缘，我做到了。

我真的位于世界之巅，觉得自己像个女超人。后来有朋友问我："好吧，接下来做什么？"我说："什么都行。我什么都敢做。"话音刚落，我就知道要做什么了。是时候让身体从生理刺激中休息，而从心理上吓自己一下了。

PART II:
PSYCHOLOGICAL CHILLS

第二部分：
心理寒战

在那之后，我回想起了平坦与潮湿；随后，一切都变得疯狂——一种忙着冲破禁忌的记忆的疯狂。

——埃德加·爱伦·坡（Edgar Allan Poe）

东方州立监狱。作者摄。

第三章

在黑暗中独处

有些地方比其他地方更可怕,大家很快就会对这些地方达成共识。当我让学生们说一些可怕的地点,他们飞快地说出了一系列意料之中的地方:监狱、精神病院、古老的地方、被废弃的地方、有犯罪和谋杀历史的地方。但是在许多恐怖电影、电视节目和超自然现象调查中,涉及的地点有一个共同特点:监禁。这些你出不去的地方在《捉鬼队》[1]和《谁

---

[1] Ghost Hunters,一部记录加编剧型的剧集,制作者跟随两位超自然现象研究者,穿梭于北美大陆调查各类鬼屋,遭遇各种可能的奇遇。——译者注

敢来挑战》[1]中出现了无数次，也被应用在许多电影中，比如《十二猴子》[2]、《九号谋杀案》[3]、《猛鬼追魂2》[4]、《禁闭岛》[5]等。除了是一种防止剧中人物逃脱的简便方法外，这些地方也被社会学家称为"全控机构"（total institutions），意思是在未经当事人同意的情况下，将他们隔绝起来。著名社会学家欧文·戈夫曼（Erving Goffman）将全控机构分为几种不同的类型：照顾那些生活不能自理或可能伤害自己及他人的人的地方，比如敬老院、精神病院；收押犯人的地方，比如监狱、教养所；还有一些自愿性全控机构，比如学校、寺院和修道院。[49]虽然本质上并不"邪恶"，但这些地方在历史上却发生了许多最悲惨、最恐怖的惊人罪行，使它们成了世界上最可怕的地方，也成了近年来流行的"黑色旅游"[6]的目的地。此外，这些地方不仅让人感到恐怖，还时常能引发我们

---

[1] *Fear Factor*，为满足观众的猎奇心理而制作的真人秀节目。参加者将接受各种考验，未能过关者将被淘汰，获胜者将得到50000美元奖金。——译者注

[2] *Twelve Monkeys*，美国科幻片。讲述人类回到过去，阻止12只猴子军研制致命病毒的故事。——译者注

[3] *Session 9*，美国悬疑恐怖片。讲述了在丹弗斯州立精神病院发生的一个悬疑故事。——译者注

[4] *Hellraiser II*，美国恐怖电影。——译者注

[5] *Shutter Island*，美国悬疑惊悚片。讲述了联邦侦探受命到一座岛上调查一个杀人机构，却因此遇到了重重危险和谜团的故事。——译者注

[6] dark tourism，是指到有死亡或灾难历史的地方旅游，如战区、恐怖事件遗址、集体坟墓等。参见Debra Kamin, "The Rise of Dark Tourism", *Atlantic*, July 15, 2014.

的悲痛和怀旧之情,这些感情能让我们更贴近那些岁月流逝中,被墙壁见证和记录的故事,也能提醒我们,有很多东西比我们自身重要且古老。

全控机构,特别是那些强制关押的地方,令人恐惧又着迷,营造出一种吸引/排斥的力量。我们的进化让我们对新奇的事情感到好奇,包括诡异的事情,事实上,大脑为全新的、不同寻常的事物而兴奋,并给予它们更多关注(在有的人身上更加明显)。[50] 毕竟,我们的祖先对新的食物和配偶有着适度的好奇心,尽管他们在战斗中会保持谨慎。另外,还有一些更深层次的心理因素使得这些地方既吸引又排斥我们。

这些地方关着那些吓人、令人生厌的"怪物",让他们远离那些正经老实、品行端正、遵纪守法的人。然而,我们又被它们要提醒我们的事情迷住:借助关押罪犯或"非正常人"这一公共行为,社会重申了共同价值观,使"我们"与"他们"之间的差异清晰可见。连环杀手、强奸犯、恐怖分子、内幕交易对冲基金经理、虐童者,他们被关在全控机构的高墙后面,远离我们。全控机构使我们近距离看到邪恶,并为自己的正直庆幸。

我在参观西弗吉尼亚监狱(West Virginia Penitentiary)时,清清楚楚地目睹了这一切。在那里,一名迷人的导游讲着笑话,在耸人听闻的残酷故事间诙谐嘲讽,说囚犯们"罪有应得",因为,按她所说,"如果你表现得像个动物,你就会被当成动物对待"。(多亏了戈夫曼和几乎所有的行为研究,我们知道这通常是反过来的。）导游讲的最后一个故事与电椅（Old Sparky）有关，在这把电椅上进行过 9 起电刑，其中埃尔默·布鲁纳（Elmer Brunner）是西弗吉尼亚州监狱最后一个被处死的囚犯。在一次入室抢劫中，布鲁纳用锤子残忍地杀害了鲁比·米勒（Ruby Miller），被判一级谋杀罪。我们挤在电椅边上，听着这个悲惨的故事，听得入了神。就在那时，我看到，一个由一群陌生人组成的旅行团变成了一个小集体。在故事的结尾，布鲁纳坐上了那把电椅，人们异口同声地说"耶！"还有几人鼓掌。我觉得有人甚至尖叫道"美国万岁！"幸好有我们的司法体制，社会得以安定，我们得以远离伤害，安居乐业，没有恐惧。至少，我们愿意这样认为。

　　全控机构的恐怖之处不仅在于里面的人，至少不仅在于里面关着的人，更在于其本身的结构、目的和影响。全控机构的员工（也很有可能是里面关着的人）不仅可以杀死你，而且有时会在不违反法律的情况下，光明正大地剥夺你的自由和身份。不管是病人、囚犯、学生还是员工，进来后都会经历严格的再社会化，这可能会让你意志消沉、病态化，丧失全部的自我意识［想象一下《发条橙》（*A Clockwork Orange*）］。即使是全控机构的员工，也要丢下旧身份，换上一个非人格化的新身份，这使他们与自己的情绪脱节，也更漠视他人。全控机构内的"怪物"并不一定是监狱的囚犯。菲利普·津巴多（Philip Zimbardo）著名的监狱实验从两个角度说明了这个问题：学生在模拟监狱中分别扮演"警卫"和"囚犯"，但他最终不得不放弃实验，因为扮演"警卫"的学生开始滥用权力，让扮演"囚犯"的学生完成越来越残忍和有羞辱性的任务。[51] 几年以后，津巴多本人甚至承认，他在无意中扮演了监狱负责人的角色，而不是客观的研究人员。任何与非自愿性全控机构的长期关系都会让你觉得自己不像个人，这对许多人来说，比死亡更糟糕。套用米歇尔·福柯（Michel Foucault）的话：刽子手只能掌握你的生死；而全控机构掌控一切。[52]

美国历史上——可能是世界历史上——最可怕、最臭名昭著的全控机构，是宾夕法尼亚州的东方州立监狱（Eastern State Penitentiary，ESP）。[53] 它于1829年投入使用，是美国的第一所监狱，也是世界上300多家监狱的参照范本。有几个原因使ESP成了世界上最恐怖的地方之一。它是一个巨大的旧监狱，有人说那儿闹鬼，曾关押宾夕法尼亚州最让人头疼的人和全国最恶名昭彰的罪犯，比如阿尔·卡彭[1]和威利·萨顿[2]。但首先，是那里发明了新式酷刑：单独监禁，这也是我们最恐惧的事情之一。根据我多年的文献阅读和研究经验，对于"你最害怕什么"这个问题，"独自一个人被困"这个答案总是排名前五（其他四个答案分别为：死亡、黑暗、溺水和失去亲人）。为什么会这样？我们为什么这么害怕独处？

---

[1] Al Capone，芝加哥黑手党教父。——译者注
[2] Willie Sutton，美国著名银行抢劫犯。——译者注

关于全控机构，有很多需要挖掘的东西，但我不打算犯法被抓进监狱，也不想把自己关进精神病院去探索这种恐惧。一方面，我没那么蠢，另一方面，我想去挖掘那些让人们又好奇又厌恶的古老建筑，它们象征了人类的黑暗面，至少是人性的另一面。为此，我参观了很多历史上有名的机构。说到"监禁"，我想去最完美的地方，独自一人，在那儿过夜。

应该怎样在美国历史上最可怕的监狱里独处？我并不认为东方州立监狱（如今该监狱已成为作为博物馆运营的非营利组织）的工作人员会开放到让一名社会学家大半夜的一个人瞎溜达，体会关在黑暗的监狱里是什么感觉。我打算试试藏在一个牢房里，等关门了再出来，但是，非法入侵罪会让我被关到另一间监狱。幸运的是，我进去了，而且就像很多我喜欢的故事一样，这是一次鬼屋之旅。

ESP 最大的收入来源是季节性鬼屋——围墙惊魂记（Terror Behind the Walls，TBTW），它是美国除了游乐园以外最受欢迎的鬼屋（严格说来，每季的参观人数超过 10 万）。刚好，它的老板是匹兹堡鬼屋（惊魂凶宅）的粉丝。在 2013 年惊魂凶宅开放季的最后一晚，ESP 的运营总监布雷特·伯塔力诺（Brett Bertolino）和 TBTW 的创意总监艾米·霍拉曼（Amy Hollaman）来到了惊魂凶宅。那时我已经与 ESP 的人员协商好几个月了，想看看怎么能想办法在 ESP 待一整晚。看到他们从惊魂凶宅出来时高兴而兴奋的神情，我看到了机会（在人们开心的时候，向他们提出请求比较好）。我随口问布雷特我能不能"就，在 ESP 里闲逛一会儿"，布雷特说没问题，并让我跟艾米说，让她安排一下。他并不知道我要在那儿待整整一个晚上，我也不知道那会是我在 ESP 度过的很多个日夜的开始，还会和新伙伴一起，进行更多恐惧探险。

艾米和我相见恨晚，这非常棒，因为除了惊魂凶宅以外，我在鬼屋行业没遇到过几个女人。[1] 艾米是天生的领导者：有魅力、能吸引人，不过她是鬼屋的创意总监，所以也有黑暗的那一面。她有成为邪教教主的潜质（我跟她说过这个想法，她觉得这是赞美）。我确定她是因为觉得我撑不下来，才跟我说可以在 ESP 里过夜的。不过她很快就会知道，我不会临阵脱逃。

5 月的一个温暖的傍晚，当我来到监狱时，很难描述我感到自己有多么渺小。从外面看，它像是一个巨大的堡垒，占地 10 英亩，围着 40 英尺高的围墙，每个角落都有警戒塔。正如人们所希望的那样，这座厚厚的石头大厦让人既压抑又敬畏。建筑师约翰·哈维兰（John Haviland）选择了吓人的新哥特式美学，让每个要进入监狱和路过费城费尔蒙特地区

---

[1] 鬼屋依然是白人男性主导的行业，在政治上倾向于右翼主张（保守主义——译者注）。很少有女性老板或创意总监，因为有很多场景在消费女性，显示出这个行业的性别偏见，后面我会提到。所以，对于我这样一位自由派女权主义者和社会学家来说，我很高兴在恐惧的旅程中遇到这样一个新搭档。

（Fairmount District）的人都感到恐惧。它会出现在你的梦里，成为吓人的噩梦。讽刺的是，ESP主张人道主义，认为所有罪犯都能改过自新。

建立ESP的初衷是结束17世纪监狱中的一些恶劣元素，如酷刑、殴打、公开处决和肮脏的生活条件。旧世界的监狱更像是地牢，或是拘留室，等待犯人的是疯狂的惩罚——绞刑、剥皮、刺死，或是肢解、足枷、阉割等折磨。16世纪，苏格兰有一种特别恐怖的刑具"毒舌钩"（scolds bridle），主要用于女性。[54] 它是一个铁制的口套，扣在犯人头上，犯人因此不能开口说话。有些口套还会把一条铁质的、带刺的舌头塞进犯人的口腔里，来惩罚那些敢动舌头的人。抛开刑具本身的残酷性和社会对这种惩罚的广泛接受不谈，ESP在此基础上，做了简单的修改，设计出了一种新的惩罚，使人更加痛苦。

ESP的改革者，包括美国建国元老，本杰明·拉什博士（Dr. Benjamin Rush），认为这是一条不同的路。他们坚信，把罪犯关押在单人牢房中，禁止与其他人的一切交流，可以让他们改过自新、得到救赎。这种"宾夕法尼亚州制度"旨在让罪犯反思自己的罪行并真诚忏悔。他们的初衷是好的，但是让救赎的地方变成了"地狱"。

我关上了入口的铁门，站在主入口处，起了一身鸡皮疙瘩。大门很重，有20英尺高，好像要为罪犯所背负的罪行、内疚和羞愧腾出空间（实际上只是为了方便大车和后来出现的卡车通过）。艾米在门口等着给我开门，看着她打开挂锁，取下链条（员工们每天都这么做！），我想到在此之前，有多少站到我这个位置的人希望能出狱，而我却要求进去。

进入大门，巨大的石头牢房呈车轮状排列，围绕着中央圆形大厅。[1] 令人惊讶的是，尽管这座建筑从外面看很恐怖，其内部设计却令人振奋。囚区和中央圆形大厅的设计很像雄伟的教堂：拱形天花板、天窗和宽敞的走廊。我竟然觉得它很美。哈维兰为其设计了吓人的外观，警告人们不要犯罪。但内里则像修道院一样，尽管犯人们都是强制关押的。最初的囚区，即便放在今天 8×12 英尺的标准下，都是非常宽敞的，10 英尺的拱形天花板顶部有一个天窗——象征着"上帝之眼"。此外，哈维兰还设计了抽水式马桶、中央暖气系统和 18 英尺长的个人活动区域。挂个"有房"的牌子，连上有线电视，每晚就能收 100 美元的房费了。

好吧，并不是这样。很快，这种设计就暴露出了问题：供暖系统几乎不工作，囚犯们在坚硬的水泥地上（后来铺上了木头）冻得瑟瑟发抖，冲水马桶的效果也不如预期，让人

---

[1] 这种车轮状设计类似于圆形监狱（Panopticon，哲学家米歇尔·福柯用其描述我们有纪律有管控的社会），后者是由英国哲学家杰里米·边沁（Jeremy Bentham）在 18 世纪晚期设计的。但只是在监控功能方面，二者有些相似。圆形监狱还将守卫设置在中心，囚犯的牢房环绕在周围，朝向中央。这意味着守卫可以随时从他的中心位置看到牢房的情况。车轮状设计限制了中心对牢房通道的监视。

反胃的恶臭弥散在各处。最糟糕的是,牢房内没有窗户,而车轮状的设计也使空气几乎不可能流动。缺乏通风使牢房在冬天又冷又潮,夏天则又湿又热,空气混浊。根据医生的报告,糟糕的环境是犯人们生病和死亡的首要原因,其次则是残忍的单独关押。

因犯从进入监狱大门的那一刻起,就只有编号。每天除了在个人活动区里的一小时,其余时间都在牢房内度过;严禁与其他犯人、家人和朋友联系;在走廊的时候甚至要戴着兜帽。但是,单独监禁比想象中更难。犯人们交流和沟通的渴望,是一种本能的生理需要。这种需要非常强烈,很难压制。他们会用"敲击字母"的方式传递信息;把小纸条系在石头上,活动的时候扔到墙外;在牢房里挖洞;或是对着天窗大喊。发现后,狱卒们会采取更严格的监禁措施:关闭天窗,限制权力,加入更多的惩罚措施。宾夕法尼亚州制度禁止身体惩罚,鞭打都不允许。但1835年州立法机关的调查显示,监狱长塞缪尔·伍德(Samuel Wood)一直在使用各种酷刑,包括:使用"审讯椅"(tranquilizing chair)残暴地切断犯人的血液循环,以限制他们的行动,某些情况下需要截肢;在寒冬让犯人在冷水里洗澡,光着身子出来,直至身上的水冻成冰柱;使用铁笼面具(iron gag)——类似于"毒舌钩",面具和手腕之间用链子相连。在投入使用的前75年里,监狱做了三次调查(分别在1834年、1897年、1903年),发现了以下问题:"淫乱和不道德的行为"、贪污、"在监狱长的许可下对不听话的囚犯进行残忍的非常规惩罚",还有,用监狱长的个人想法或判断代替法律规定。"费城减轻公立监狱惨境协会"(Philadelphia Society for Alleviating the Miseries of Public Prisons)的理想迅速破灭。

我是在监狱遗址关门前一个小时左右到的,想要充分利用天黑之前的时间四处看看。白天看清楚了,到了晚上可能就没么恐怖了。盯着1号囚区内的一间牢房,我想象囚犯住在里面的样子:睡在一张小小的铁丝床上,关在这么一座像怪物一样的建筑中。对关押在这里的人,我深表同情,但我也知道他们是因为某种原因而被关进来的——至少当时政治和宗教权威是这么说的。但是,那些犯了点小罪的人,比如小偷小摸或是在公共场合酗酒滋事,还有那些"拉帮结派"或"道德软弱"的人,他们应该关在这里吗?有人应该关在这里吗?

人际交往是生存的基本需要。[55]就是这样。人们相互需要;无数研究表明,在生命的各个阶段,被忽视和孤立都会造成严重的影响。不管是什么物种,如果没有皮肤(或皮毛)接触,幼崽就会死亡。针对被严重忽视的福利院儿童的研究显示,他们出现了行为、认知和身体障碍。我们知道,在他人的帮助下,人们能够更快地恢复健康,更好地接受坏消息,甚至认为挑战带来的威胁更少。单独监禁切断了人类沟通交流的生命线,而这是改过自新必不可少的因素。即便那时候,人们也意识到这样的隔离不是什么好主意，一些社会改革者开始谴责这种方法，包括查尔斯·狄更斯（Charles Dickens）：

> 我深信建造这座监狱的初衷是仁慈的、人道的，是为了变得更好，但我认为，这个监狱系统的设计者和执行者们并不清楚自己的所作所为……这种缓慢的日复一日的对大脑的损害，比任何一种身体上的酷刑都更加可怕。而这些可怕的迹象和标志人们看不见也听不着，因此，我更要谴责它。在这种秘密惩罚中，人性一直沉睡着。[56]

最终单独监禁慢慢停止，不是因为狄更斯的反对意见，而是因为人满为患。1867年，540个牢房中关押着569名囚犯，仅30年后，囚犯上升至1200名，却只有765个牢房。官员们一直坚持认为，监狱应以高级的单独关押制度运行。直到1913年，官方才认定这种制度与将多名犯人关押在一起相比，是低效的、不可持续的。

监狱扩建一直持续到1959年，新囚区的建设完全违背了哈维兰最初宽敞的设计和监狱的成立初衷，即所有罪犯都能改过自新。新囚区很矮，单人牢房的面积更小，没有天窗和个人活动区。新建的14号囚区位于地下，牢房内没有窗户，因为某些原因被恰切地更名为"克朗代克"（Klondike），很快我就会知道这些原因了。监狱也因此引入了一项新的体罚措施。压倒改革者的最后一根稻草是1956年建造的15号囚区——死囚牢房，它彻底背离了让犯人们改过自新的初衷。

这座监狱一直使用到1971年。那时，监狱的维修费用远超出了宾夕法尼亚州的预算。囚犯们被安置到其他监狱。在政治家、开发商和社区团体讨论其未来的命运时，监狱迅速荒置。多年争论后，监狱由宾夕法尼亚监狱学会（Pennsylvania Prison Society）接管，并于1991年首次向公众开放。监狱需要筹很多钱，来支付维修费用，至少要保持现状。当时很多鬼屋都由慈善机构经营，受此启发，监狱于1991年开设了围墙惊魂记。通过鬼屋筹集的资金，使监狱能够防止一些严重的恶化并进行必要的维修。现在它很稳固，但工作人员并没有止步于此。现在监狱里还有教育项目、系列讲座、诠释性装置艺术，以及信息库，由专职研究员和档案管理员进行维护。它不再只是那个从好奇的游客那里赚钱的古老而恐怖的历史遗迹了。

在我的冒险经历中，我学到了一件事情：要享受刺激的体验并从中学习，最重要的一点是，要完成它。与过山车相似，人为制造的强烈情感体验，比如去鬼屋、阴森的历史遗址，甚至是去"汗水小屋"[1]或进行体能挑战，都是从一个安全的起点出发，而后带给你失控的体验，让你突破极限，最后再将你安全送返，只是待回来之时，你会感觉自己状态更好，人更机灵。我最不能忍受的是，有的地方不这么做——

---

[1] sweat lodges，半球形建筑，里面充斥着大量水汽，是印第安人向天祈祷、举行宗教仪式的神圣场所。——译者注

你在最高点上突破了极限，然而，他们把你留在了那里，或者把你扔了下去。ESP是一个典范，不论是白天的参观还是鬼屋，都展示了应该怎么做。他们知道你面对的是恐惧，就调整光线并利用鼓舞人心的东西平衡黑暗和恐惧。最重要的是，运营的非营利组织并没有煽动性地夸大或利用监狱和囚犯的故事来获利。你参观这里，了解历史，是的，你会害怕，但通过里面的信息、雕塑，[1]和以史为鉴的决心，你会带着理解而不是耸人听闻的暴行离开。就算是鬼屋，也尽力平衡，既保有恐怖氛围，同时能让人们对监狱负面陈旧的观念有所改观。其他很多开发成旅游景点的前全控机构，都不是这么做的，我已经感受过太多次了。

一些前全控机构采用和P.T.巴纳姆[2]相同的策略——夸大"怪异"和"异常"——它们把弱势群体或边缘化群体的历史当作噱头，充分利用人们对新奇、特别事物的好奇心来吸引游客。最恶名昭著的例子（尽管不是最冒犯人的）是宾夕法尼亚州东部的另一家鬼屋：潘赫斯特鬼屋（Pennhurst Haunted House），它的前身是潘赫斯特收容所（Pennhurst

---

[1] 在ESP里面，工作人员将过去司法的不公正之处同今天人们对司法系统的担忧联系起来。在一些地方，陈列着简单的统计数据，呈现了截至某一时期之前，犯人的增长率及犯罪原因。在其他一些地方，这些信息更加简明清楚。2013年，ESP树立了一块16英尺高、3500磅（约1587.57千克）重的钢板，上面画着条形图"大图表"（Big Graph），直观地展示了日益增长的监狱人口。

[2] P.T.Barnum，美国巡回演出团老板和马戏团老板，因展现畸形人的表演而闻名。——译者注

Asylum），从1908年运营至1987年。[57] 多年来，经过家属、工作人员以及遭受不公、虐待和忽视的病患的举报，这家收容所终于关门了。曾经在这里，大量病人营养不良，他们被绑在床上或关在笼子里，躺在自己的排泄物上。这些问题由比尔·鲍尔迪尼（Bill Baldini）在1968年揭露出来，但即便在他发表了措辞严厉的报告，并将纪录片《受苦的小孩》（*Suffer the Little Children*）公之于众后，收容所仍然开放。针对该机构提起的诉讼越来越多，直至法院裁定强迫残障人士进收容所是违宪的。最终的判决迫使潘赫斯特收容所关闭。全控机构常用的另一种方式是剥夺他人自由，这在潘赫斯特收容所也有所体现。与东方州立监狱不同，商业化后的潘赫斯特只强调、渲染历史的黑暗面，让你沉陷其中。

2010年潘赫斯特鬼屋开业的时候，遭到精神健康倡导者的批评和谴责，他们认为在收容所旧址上建鬼屋，实在太没有同情心。当时，鬼屋承诺不会把收容所的历史加入到游乐项目中，也不会消费病患。显然，现在情况大不相同了，鬼屋不仅宣称他们使用了从收容所中找到的物品，而且还原或重构了当时收容所悲惨的场景。在这之中，"精神病患者"被毫无歉意地扮演成虚弱受伤的、孩子气的人，或者是另一种样子，凶残邪恶的、"精神错乱"的人——基本上都是精神健康倡导者一直在努力改变的刻板印象。潘赫斯特纪念与保护联盟（The Pennhurst Memorial and Preservation Alliance, PMPA），旨在"促进对为残障人士争取尊严与公民权利的斗争的理解",坚决抵制由收容所遗址改造的鬼屋,并希望这处地产能像其他良心遗址(Sites of Conscience,SoC,ESP也属于SoC)一样,致力于用悲剧历史吸引公众,让后人了解历史,并受到教化。2010年,PMPA发表了一份声明,至今仍可在其网站上看到:

> PMPA坚决反对在潘赫斯特的鬼屋景点运营,它以一种侮辱人格的可耻方式去描绘残障人士。将残障人士妖魔化为一种盈利的"娱乐"是(也应该是)对所有人的冒犯。我们呼吁每一位和我们一样憎恶这种现象的人,请站出来反对"收容所鬼屋",抵制这种闹剧。

尽管潘赫斯特为私人所有,并以商业形式经营,但PMPA仍在继续努力,通过巡展的方式向公众展示真实的历史。保存这个机构,并将其转变成一个教育与记忆的空间,仍有希望。

通过场景重现,还原曾经的恐怖历史并没有什么问题,弱势群体也可以是鬼屋里的人物,前提是得怀着尊重的态度和传达真实的目的,因为恐惧是由暴力和虐待的历史,而不是通过故意加强原有的印象带来的。这需要考虑历史背景、权力变化和对人的尊重。比如,与其让导游和游客们谈论那些淫秽的故事,并将其夸大并延伸成小说的情节,不如让他们分享真相。毕竟,现实往往更加可怕。

跨阿勒格尼精神病院(Trans Allegheny Lunatic Asylum)

是另一个"闹鬼的"收容所,美国内战前成立,现在也改建为一家鬼屋。将白天的参观设计成一段情感之旅(我还没有去过)。游客们首先参观主楼,精神病患者曾被关在那儿的房间里,拴在墙上。随后进入画廊,那里展出了曾患精神疾病或当时正受精神疾病折磨的患者的作品。展览中有40多张双面面具,分别描绘了他们感受到的他人眼中的自己,和自己眼中的自己。这些面具让每个精神疾病患者的个性更鲜明,除了悲伤,他们还有爱、信心和希望。可以这么说,残暴的历史故事可怕得令人惊叹,但那只是面具的一面。游览或重建悲剧背景,为赋予那些被忽视、被排斥或被认为是怪物的人一张人性化的面孔提供了机会。这是一个揭露并颠覆权力变化的机会,如果做得好,可以给游客留下强烈的印象,如果做得不好,是非常令人反感的。

我一个人在ESP转悠了至少一个小时,发现即使是那些跟团或者和家人一起来的人,也独自参观。即便这里没有讨厌的博物馆馆员让游客安静,也没有人说话。这里自有压抑、沉默的力量,不需要任何人来控制。导游宣布闭馆时,我目送所有人离开。他们郑重而缓慢地走着,担心不小心会打扰亡灵或唤醒沉睡着的恶魔。至少我是这么觉得的。太阳落山时,我走过最后一个牢房,感觉每个囚犯和守卫都跟在我的身后。艾米走过来,拍了拍我的肩,毫无意外地,我吓得跳了起来。我尽可能摆出一个微笑(以后还会有很多),她用最夸张、最可怕的方式问我："准备好在黑暗中冒险了吗？"我大笑，只是为了掩盖，我已经有点焦虑了。

艾米要带我去探索一些不对外开放的地方。我开玩笑地问需不需要戴安全帽和呼吸器，却出乎意料地听到"不，我们去的地儿不用"，这意味着去有些地方你需要一套完整的防护措施——去地下。显然地下隧道是为了运送整个监狱里的空气、水、热量和天然气而建造的。有人怀疑除了克朗代克之外地下还有其他刑罚牢房，但大多数隧道过于危险，无法彻底调查。ESP 处于破败的状态，非常危险，除了那些杀人工具，还有许多东西能要了你的命。摇摇欲坠的天花板、老化的楼梯和扶手让禁区成为名副其实的死亡陷阱。

艾米打开了 12 号囚区的大门，用手电筒指向靠墙的陡峭楼梯，问我："准备好了吗？"此时，我脑海里浮现出"社会学家死于探秘废弃监狱"和其他类似的新闻标题。12 号囚区是在监狱运营 82 年后建成的，有三层，可以通过一条狭窄的通道进入。1900 年以后，新牢房的质量和原来不可同日而语，墙壁更薄，石块更小，砖石和混凝土质量很差，全部由囚犯自己建造。我很好奇一个受虐待的监狱工人是否真的关心工艺和质量这样的事情。在地面上，我可以透过杂物一直看到夜空，至少三分之二的屋顶坍塌了。好像有一个巨大的食人魔撕开了这片囚区。我不可能上去，狭窄的金属台阶仅能容纳一只脚掌，生锈的扶手好像碰了就会碎掉。我抬头看看坍塌的天花板，如果我冒险上去，它将掉下来成为地板。电线、木头和形成通道地基的混凝土混在一起,开裂的油漆挂在它们上面。我摇了摇头,"没有"。我所有的努力都是为了进入非开放区域,但是整个监狱看起来好像一动就会化为灰烬。

艾米也没有帮我——她没有说没事儿,很安全,也没有煽动我进去。相反,她一直告诉我怎么做最安全,下一步踩哪里,抓哪儿,怎么做不会死。这儿不是加拿大国家电视塔,没有安全带,这是真的。我在拖延——我用手电筒照了楼梯的每一个角落。最后,艾米告诉我在这儿等着,她不得不上去检查点儿东西。她往上爬的时候,我的好奇心战胜了我,我跟在了她后面。老实说,这激起了我的好胜心,她能做到的话,我也能做到。但是,我不得不逼着自己踏上最后一级台阶,走到一条 2 英尺宽的小路上,从这儿走向牢房。地板上都是剥落的油漆、灰尘、石块和瓦砾,它们在我的脚下嘎吱嘎吱地响着,每走一步,我都觉得地板会塌,我仿佛看到自己跌落在下面的水泥上。

我不敢相信眼前的景象——高高的拱形天花板两侧有两条狭窄的通道和一个简单的金属栏杆,如果有人从三层跌落,这栏杆保护不了任何人。墙壁布满了绿色、灰色和蓝色的油漆。开裂、脱落的样子像是被砍过或者烧过,看得我毛骨悚然,毁了这里的怪物,可能在下一秒钟回来,毁了我。或者更糟,把我锁在其中一个牢房里,永不见天日。也许我站的是最让人毛骨悚然的地方:每隔 8 英尺,墙上就有一个狭小、黑暗的长方形洞。120 个阴森的黑洞在我身后看着我,每一个都见证了无数故事。即使是最理想的状态，没有废墟和碎石，这种彻彻底底的囚禁景象也让人恐惧。

12号囚区旁边的医护牢房是整个监狱里最恐怖的地方，因破损严重，不向公众开放。在19、20世纪之交，天花、肺结核和其他传染病夺走了这里数百人的生命。起初，患病的囚犯在单人牢房中接受治疗，后来在三号囚区的旧蒸汽房和电气室改造的现代医院中。在监狱废弃的多年间，拾荒者和破坏者拿走了所有与铜和废金属有关的东西，留下的都是他们搬不动的。三号囚区里到处都是他们掠夺的证据。X射线机、运送病人的轮床、手术设备和辨认不出用途的机器碎片，像动物的肠子一样，散落在走廊——一种机械性的屠杀。古老的设备看起来更像是酷刑刑具而不是医疗器械。

站在巨大的手术灯下面，我感受到了囚犯们的恐惧：被迫躺在手术台上，系上带子，等待医生们注射不明药物。或毫无知觉或神志清醒地等待即将到来的事情，不知道哪一个更可怕。任何事情都可能发生。不管是不是真的犯了罪，这种在绝对权威面前失去行为控制能力的情况都是非常可怕的。若不是亲身经历，很难有真实的感受。我们没有办法进入现实中的监狱，参观ESP可以让我们体会到失去控制的感觉。

医护牢房格外潮湿，因而墙壁和地面上长满了苔藓。我听到滴答滴答的声音，转过身去，看到屋子里都是白色的小石笋，像冰柱一样，只不过它们周围是生锈的仪器和翠绿的霉菌。我的手电筒照到一只巨大的蜈蚣在地上爬，我大声尖叫，尽管并不是很惊讶。我不害怕虫子，但现在我极其敏感。而且，在其他囚区，我没看到虫子，在这儿，它们却无处不在。我周围布满了大甲虫、蜈蚣、蜘蛛，还有蜘蛛网。虫子们爬到我身上的景象在我脑海中挥之不去。

我小心翼翼地走在走廊上，瞥了一眼牢房。艾米提醒我不要开门，也不要碰任何东西——在没有对外开放的区域，随时都可能陷落的屋顶上盖着防护网，如果听到东西掉落的声音，要跑到中央大厅。我想要集中注意力，但失败了。这里有一种破败美，尤其是那些自监狱关闭后就没人碰过的房间。它们定格在犯人大规模迁出的那一瞬间。这里是我所能想象的最容易让人穿越时空的东西：地上的一张纸、一堆衣服、一只鞋。

继续谨慎地向前走，在稍远的病房，我看到了令人惊讶的景象，以致于以为自己看错了。我转过身，倒吸了一口气，本能地想躲进一间牢房，一只手拉住了我，"玛姬，你不能进去"。我停下来，听艾米（又一次）普及安全知识。我很快明白了鲁莽和勇敢的区别，在这样一个破败的建筑里，不能靠侥幸。

转过头看那间牢房，一个铁丝床歪歪扭扭地靠着白色的墙，摇摇欲坠。墙面油漆脱落，露出碎砖块和石块。然而，除了粉红色和灰色的瓦砾堆，还有绿色的叶子、苔藓和树枝，它们不满监狱的界限，执意从树上伸进来，造就了这幅迷人的景象。死气沉沉的牢房与这里的生机盎然形成了鲜明的对比，展示着大自然让这片土地重获生机的决心。事实上，这里充满了这样的小矛盾：美丽与恶心、自由与禁闭、同情与折磨、生命与死亡。

三号囚区还曾关押了许多精神病患者，其中很多人都不是罪犯，只是病人。有人怀疑 ESP 瞒报了精神病患者和被逼疯的囚犯的人数。ESP 的监狱长在 1831 年的报告中写道："10号囚犯好像疯了，关在黑暗囚牢里绑 3 天，不给水和食物。"这类报告导致了 1897 年的调查，调查发现："监狱牢房环境肮脏，饮食低劣，对一些囚犯，特别是疯了的囚犯，采取冷漠而残忍的态度。"调查结果让戈登法官（Judge Gordon）在对东方州立监狱的指控中毫不客气地写道：

> 我对东方州立监狱的检查员提出指控，其官方报告与现实不符，并违背本庭誓词，有意识、有预谋地进行虚伪陈述；对其履职时残忍、不人道的行为，玩忽职守、不作为提出指控；对其藏匿、伪造证据提出指控；对其威胁证人提出指控。我会依次提供证据，很高兴这些人都在这里。[58]

在现代医学出现之前，任何身体上或精神上与众不同的人都被视为可恶的。他们被看作上帝给我们的不好的预兆，是罪恶的证据，或被认为是恶魔附体，因此必须将他们关起来。这使他们受到了残酷的对待，包括死亡。1896 年，在

ESP的精神病犯人阿奇博尔德·怀特（Archibald White）的案件中，他浑身赤裸地躺在自己的排泄物上，鼻子断了，不能说话。他成了改革的导火索。戈登法官这样讲述他探望怀特的情景：

> 我走下楼，看到他躺在地板上，牢房异常空旷，到处都是排泄物，一个瘦骨嶙峋的男人，躺在上面，站不起来。当我说话的时候，他抬起头，但站不起来。卡西迪先生命令他起立，但这是徒劳的，因为他做不到。[59]

当改革者为监狱改革而战时，像多萝西娅·迪克斯（Dorothea Dix）和托马斯·科克布莱德（Thomas Kirkbride）这样的社会活动家也在谴责美国在监狱和地下室关押精神病患者的做法，他们呼吁使用"道德疗法"（moral therapy）。道德疗法基于18世纪晚期法国医生菲利普·皮内尔（Philippe Pinel）和英国精神健康改革者塞缪尔·图克（Samuel Tuke）的观点，包括一些基于基督教价值观的治疗，以及严格的作息时间：工作、休息、祈祷和睡眠。[60]但新的精神病院仍然是非自愿的全控机构——监视、控制和非人性化是其中的一部分。非自愿全控机构的力量甚至可以超越最高尚的初衷；正如监狱改革最好的方案变成了虐待和惩罚，精神病院也充满了酷刑、忽视和禁闭，仍然用威胁和惩罚控制病人。实际上，监狱从精神病院借鉴了一些暴力惩罚方式，比如紧身衣和"冷水澡",即水酷刑的一种委婉说法。

我想到阿奇博尔德·怀特,监狱长认为他装病,把他关在牢房,锁在冰冷的地上,可能也会铐在墙上,行动范围不超过4英尺。我想象不到那是什么感觉:最接近的体验是小时候,妈妈带我去海滩时给我系的儿童安全带。我记得用力拉着皮带,想要进入海洋的挫败感。拴在墙上是无法忍受的。

19世纪后期,病人被收押进精神病院的原因反映了当时的价值观和人们的无知:家庭问题、迷信、女性早婚(这太过分了)、父母是近亲、花痴、贪婪、魅惑、月经不调、妇科病、歇斯底里、恐惧、私生活混乱、热衷政治、手淫、有商业头脑、想象中的女性问题以及人缘不好。其中这么多原因都只是因为是女性,这叫人害怕。这是在《精神疾病诊断与统计手册》[1]和医学编码出现之前的事情,那时法官不需要诊断书就可以将人关进精神病院。如果你的家人、神父或丈夫认为你是精神病,那你就是。如果我早出生100年,可能要一直被关在精神病院,甚至可能被锁在墙上,不能说话,没有自由,也没有尊严。牢房里的空气像被吸走了一样,我的身体叫嚣着想要出去,这里令人窒息。

三号囚区的拐角处是惩罚牢房,又名克朗代克,或者可

---

[1] *Diagnostic and Statistical Manual of Mental*,简写为DSM,由美国精神医学学会(American Psychiatric Association)出版,是一本在美国与其他国家中最常使用来诊断精神疾病的指导手册。——译者注

以简单地称为"洞穴"。我想知道将医护牢房安排在数百名营养不良、生病或疯了的囚犯旁边的用意是什么。1924 年,监狱长的报告中这样描述克朗代克:地下一排不卫生的无窗牢房,墙壁和天花板都是黑色的。没有家具,只有一个铁马桶和一个水龙头。囚犯赤身裸体地被扔在潮湿的地板上,只有一条毯子(有时没有)、少量面包和水。报告将其描述为野蛮之地,尽管 1953 年州长签署了一项法案,建议取消地下惩罚牢房,但这里一直使用到监狱关闭。

艾米从我身边经过,来到克朗代克的楼梯口,停下脚步。"在下面?"我问。她点点头,下楼打开大门。我感到焦虑不安,不停地用手电筒来回扫过楼梯间。19 世纪后期,改革者们争论哪一种方式对囚犯更糟:集中关押体制下的身体折磨,还是宾夕法尼亚州制度下的精神折磨。在克朗代克,两者兼具,而且还是在黑暗中。我一直在想那个故事:一个 16 岁的囚犯在这里待了 42 天,没有食物。

公众可以在门口看克朗代克,但不能进入洞内。我明白了为什么艾米让我自己站在那里。我勉强走下楼梯,蹲着进入短走廊,右边有四个牢房入口。接下来的两个小时内,我都没法站直身体。克朗代克里面至少比外面低十度,冰冷的水泥地板上有几个几英寸深的水坑。"克朗代克"这个名字非常应景。[1]

---

[1] 克朗代克本是加拿大一条河流的名字。——编者注

这些牢房里充满了旧式的钢梁，铁门上的锈至少有一英寸厚。我小心翼翼地在大门周围走动，尽量不去想自己掉在生锈、破碎的架子上的情景。我爬进一个牢房，环顾四周。一直弓着腰让我有点累，但没有干燥的地方能坐下。人们不觉得低天花板会引起不适，但它是一种非常有效的惩罚方式。污浊、潮湿的空气让人呼吸困难。我只待了20分钟，就严重怀疑我还能坚持多久。被困在匹兹堡退伍军人医院电梯里的场景从我脑海中一闪而过。我比任何时候都想要回到加拿大国家电视塔通向顶部的电梯里。

我逼自己留下，或者更准确地说，我告诉自己不能离开。现在还不是时候。洞吸引着我。我关掉手电筒，一动不动。这不仅仅是黑暗——是漆黑一片。在我们明亮的世界里，很少有这样的地方。路灯、电子钟、电脑充电时微弱的光，让最暗的空间也有光亮，让我们的本体感觉可以感知方向，不像这里。我集中注意力，想要看到面前的金属栏杆，但我看不到。我很烦躁。这和你闭上双眼或蒙上眼睛不是一回事——那不是真的在黑暗中。只要你睁开双眼，或摘掉眼罩，你知道你就能看到，这种知道让人舒服。但是现在，你睁着眼睛，周围一片漆黑，你会产生深深的无力感，失去方向和平衡。这些不起眼的轻松的视觉和空间操作会造成身体残废。看不见、浑身赤裸，作为一个数字而不是一个人被关在全控机构里，除了"想"，不能做任何事情。对于许多人来说，这是最恐怖的。

第三章 在黑暗中独处

在生活中,我们为做过的坏事承担痛苦的后果,但大多数人并不是每天都想着自己做的那些糟糕的事情。我们面对它们,然后继续生活,我们有机会尝试并做得更好,我们不断创造新的记忆。但是囚犯的世界停留的那一天,可能是人生中最糟糕的一天,之后的每一天都在提醒他们自己有多么失败——也许不仅是为所犯的罪而懊悔,还因为被抓到了或者被不公正地定罪。无论如何,入狱代表了失败。他们无所事事,只能反复想那件让他们来到这儿的事。反思就是让那些消极事件一次又一次地在脑海中重现,通常会引起层层自责。[61]这非常令人痛苦,会导致严重的健康问题,如压力增加、抑郁、焦虑、消极、应对机制失调以及强烈的束缚感。

在第二天ESP周末聚会的问答环节,我将听到囚犯亲自述说这些感受。一个在1971年ESP关闭之前被释放的囚犯说,他会在脑海中一遍又一遍地重演他的一生,但是感受不到喜悦,因为最终会来到同一个地方——牢房。另一位在克朗代克待过的囚犯说,他会回忆最后一次抢劫所走的每一步,思考怎样不会被抓。如果监狱的目标是惩罚,那么痛苦的反思当然是恰当的,如果目标是改过自新,单独监禁会起到反作用。

我终于不再想尽力看清周围,而是专注于呼吸。我不可避免地想起了我做过的最糟糕的事情。我想到了我妹妹,小时候她受到了可怕的欺凌,我没有帮她,非常内疚和羞愧。

平时，我会逃避，我会转向各种应对机制——看电视、读书、逛商场、和猫咪玩，或者非常讽刺地，去鬼屋或者看鬼片——来分散注意力，但在克朗代克，这些一个也用不上。在羞耻中，我感到不安、焦虑、沉重、无力。我的身体想要逃跑，好像那样就能摆脱这些想法。我想要看点什么，什么都行，只要能让我摆脱现在的想法和感受，但是黑暗中什么也没有。我强迫自己的身体和精神留在这里。

大部分美国人会竭尽全力逃避思绪和想象中的怪物。弗吉尼亚大学的一项研究发现，大多数人宁可做些不好的事情，包括伤害自己，也不愿意静坐沉思。[62] 这项发现令人不安，引发了关于美国文化，以及我们是否过于依赖外部刺激的各种讨论。[1] 我们是不是没有或缺少能力来产生令人满意的想象力和自我对话，还是说外部刺激停止时，思想冲进大脑，我们不知道如何处理？可能两者都有一点（在某些情况下，可能与两者都有很大关系）。这两种情况都存在问题。抑制思想和情感不是一种调节情绪和处理压力的良策。我们必须面对我们的负担。正如詹姆斯·格罗斯（James Gross）于 2002 年所发现的那样，抑制（主动试图不去感觉某件事）实际上会增加对压力源的生理反应，而不会减少情感体验，甚至会损害记忆。[63] 另一方面，耶鲁大学一位备受尊敬的心理学教授苏珊·诺伦-霍克西玛（Susan Nolen-Hoeksema），在研究有

---

[1] 我计划研究：其他国家的人是否也难以静坐沉思？是美国人的生活方式导致他们逃避与自己对话吗？

效的情绪调节方法时发现，对于那些喜欢沉思的人来说，分心（试图将注意力转移到其他事情上）其实是有帮助的，甚至是健康的。就分散注意力而言，借助于自我造成的疼痛、恐惧，或任何能够激活唤醒状态的想法，绝对不是什么新办法。

利用身体感觉（体感刺激）训练或占据注意力的历史非常悠久，从自鞭的宗教习俗到掐自己以避免哭泣。[64]这是有道理的，正如我在加拿大国家电视塔上所做的和之前很多次所经历的。人处于高唤醒状态时，大脑确实会掉线。对于那些陷入痛苦沉思的人来说，高唤醒状态通过引起恐惧、痛苦，可以让他们摆脱自己不断下坠的思绪。例如，有证据表明，轻度休克（不是会引发癫痫的电惊厥治疗）或将头放入冷水中可以激活唤醒系统，使注意力转移到感觉，从而有效地打断痛苦的沉思。[1] 2005 年，新西伯利亚市的俄罗斯科学家发表了一份报告，夸大了"鞭打疗法"对那些沮丧者或瘾君子的好处。[65]他们的理论强调战斗或逃跑反应中释放的内啡肽的作用，而不是中断前额皮质的传递。无论如何，旧世界酷刑的远亲可能是有效的，这一事实让我难以理解。需要将这些"新方法"与过去的消极面和伤害分离开来。

---

[1] 国立卫生研究院（National Institute of Health）近期为此拨款资助临床试验。匹兹堡大学的格雷格·西格莱将研究在特定时间段内减弱冲击强度，是否有助于沉思者学习如何将注意力转移到身体感觉，从而摆脱沉思周期。

此外，被隔离与剥夺感官，例如缺乏视觉和听觉刺激，不能与人交谈、接触，人很快就会崩溃。[1] 我们的大脑生来就是不断处理信息和刺激的。和在滚轮上奔跑的仓鼠一样，大脑快速运转，寻找任何可能的信息进行处理。没有信息时，就只剩下了自己的幻觉和想法。

1957年，心理学家唐纳德·赫布（Donald Hebb）发表了关于隔离的影响的报告。研究表明，只需几个小时，隔离就会产生影响：焦虑、偏执、烦躁、幻觉（视觉和听觉方面）。原计划研究将持续数周，然而大部分都不得不在两天后停止，最后没有能坚持一周的。近期，类似的研究（增加了保护措施，比如恐慌按钮）也得到了类似的结果，而且即便取消隔离，所造成的伤害也不会马上停止——当一个人被释放并且处于支持的环境下，仍然有因隔离而产生的认知（数学、科学、理性思考等）和情绪方面的延迟和障碍。恢复取决于多种因素，首先是这是否是自己的选择（这是自愿的野外静修还是被捕入狱？），其次是被隔离的时间，最重要的是被隔离时的年龄。从出生的那一刻起，我们通过与他人的联系和沟通来了解我们自己，没有他人，我们仿佛一直在自由下落，停不下来，也不知道怎么向上。[2]

---

[1] 有些人能够很好地应对孤立的情况，但通常需要经过准备和训练，要么就是将自然想象为"他人"，与之交流，或者像许多水手一样，将物体和动物看作人类（拟人化），与之沟通。

[2] 想要了解更多被单独监禁者撕心裂肺的故事，请阅读莎拉·舒尔德（Sarah Shourd）在伊朗监狱中的经历——《孤独的折磨》（Tortured by Solitude）。

第三章 在黑暗中独处

我不知道自己在洞里待了多久,时间感全都消失了。感觉时间变慢是隔离的另一个影响。例如,社会学家毛里奇奥·蒙塔尔比尼(Maurizio Montalbini)在报告中写道,他只在地下(意大利的一个洞穴)待了219天,事实上却是整整一年。时间的流逝是一种主观体验。[66] 我们都听过那些似乎永远不会结束的枯燥演讲,或者经历过感觉时间过得飞快的海滩假日。这个现象本身就很吸引人:像时间这样稳固确定的东西怎么会是主观的呢?难道一分钟不是一分钟吗?此外,为什么我们不能准确地体验时间呢?这种主观性有什么好处呢?这些问题持续困扰着所有科学家并引起他们的兴趣;时间知觉是一种有很多层次并涉及大脑网络的研究领域。我们知道时间知觉与我们如何编码记忆有很大关系,特别是对新奇的、有威胁性的和激动人心的事件的记忆。我们对一个特定物体所投入的关注程度,以及它的重要性和突出性,也会影响到时间知觉。我们对时间的感知还深受我们身体的生理感知或内感作用的影响。我在加拿大国家电视塔上时,对内感作用这一概念变得非常熟悉。在那里,我所有的系统都处于超速运转状态:我的本体感受被抛到一千英尺高空中的狂风中,失去了平衡,我被吓呆了——要意识到的事情太多了。而现在,在完全相反的物理环境中——一个黑暗、逼仄、冰冷的地下监狱——在我意识到每一种思想和感觉时,同样是这些大脑网络在拼命工作。

奥尔加·波拉托斯（Olga Pollatos）和同事在一项研究中观察了内感作用的影响。参与者在观看恐怖、有趣或中性的片段内容时，被要求专注于外界信息，或专注于自己内心的状态。他们发现，专注于内在感受显著影响了人们对时间流逝的感知：让人感到害怕的片段被认为持续时间很长，而有趣的片段很快就过去了。这是因为我们对有威胁的物体给予了更多的关注和重视，这就导致了感觉上时间的慢化。例如，在相同时间内，我们认为向我们移动的物体（一个"潜在的威胁"）比静止的物体显示的时间更长（更多内容见第五章，那里会讲到我遇到一个幽灵向我冲来的时刻）。[67] 但这是为什么呢？

马克·维特曼（Marc Wittmann）和马丁·保罗斯（Martin Paulus）的研究提供了一些答案。[68] 他们指出，前岛叶（负责内感作用）收集并处理身体中的所有信号和感觉。在高唤醒状态中，我们的岛叶会处理并编码更多的感觉，尤其在有威胁性的情境中，或在进化突出的情境中。我们编码的感觉越多，或者"负荷"越重，就越有可能认为时间过得很慢。

在牢房里，我并非在空中紧张地飞驰，也不是悬挂在建筑物上，但我很有压力。我无法站直，我的身体因不断地调换重心而筋疲力尽——我几乎不能蹲下超过30秒，否则我的双腿就开始颤抖。我什么也看不见，同时感到热和冷，我紧张而有意地试图思考自己的感受，以及怎样面对艰难的情绪。时间几乎停滞了。

我无数次想要离开，还差点坐在了一英寸深的水里，克服了这些想法之后，我终于屈服于我燃烧的肌肉。我打开手电筒，停下来感受这种简单的自由的力量。光不仅照亮了牢房，也照亮了我的眼睛和大脑（就像脑中开了一盏灯）。我小心翼翼地走出去，走到楼梯间时，我一次迈两级台阶。上来后，我高举双臂，踮起脚尖，放声喊道"啊……"。接着，我四处寻找艾米，迫切地想要听到点什么，什么都行，只要不是我自己的想法。但我环顾四周，不知道自己在哪儿，也没有看到艾米。我感到一阵恐慌：我们没有计划，接下来我还是一个人，这太恐怖了。我扫视着望不到头的墙壁，看到了笔记本电脑发出的微弱的光，松了一口气。我跑过去感谢她留下来；她可以不这么做，但她做了，我很开心。她说，她担心会发生什么，就留了下来，以防万一。但她很快话题一转，给我讲了一个发生在 ESP 关于《变形金刚 2》的故事。在我明白她的用意之前，我笑了。回头再看，我才意识到她是意在帮我摆脱克朗代克的沉重。我想，如果你在监狱工作，你很快就会知道它对人产生的影响。

非自愿隔离会让人彻底失去自我。[69] 联合国也承认这是一种酷刑，但在美国，单独监禁依然是一种常见的惩罚手段。事实上，直到 2014 年，宾夕法尼亚州才同意不将严重残疾或患有精神疾病的囚犯单独监禁，这从侧面说明了在建立尽职尽责、尊重人权的公共机构方面，我们任重而道远。哲学家、《罪与罚》的作者费奥多尔·陀思妥耶夫斯基（Fyodor

Dostoyevsky）说："一个社会的文明程度从其监狱就可窥一斑。"[70]

有些地方比其他地方更可怕，有时我们就是想要去那些地方，好好地被吓一吓，或者感受与恐惧、禁忌、"邪恶"亲密接触的兴奋，同时不会陷入真正的危险。此外，接触那些可怕的地方还会有额外的收获：它们向我们展示了被囚禁的危险，同时提醒我们自由的可贵，强化了自我意识和自我认同。隔离体验让人发现了自己有多么需要彼此，游览一个有着（被牢房内外的人）虐待的悲惨历史的地方让人看到了面具的正反两面，使我们记起自己还拥有怜悯和成长的能力。

我只不过是一个孤独的游客。有时候我希望自己当时能坚持更长时间，但无论待多久，我都能把手电筒打开、站起来、走出去，这个事实不会改变。我不是囚犯，没有被囚禁在这里。我能够控制我的生活和行为，我可以成为自己想成为的人，这是一件了不起的事情，值得庆祝。

离开 ESP 后几天，就是我妹妹的生日。七年来，我第一次联系她。

东方州立监狱。安德鲁·加恩（Andrew Garn）摄。由东方州立历史遗迹提供。

第四章

驱鬼

小时候，一天晚上，我姐姐和朋友玩灵应盘。和大多数妹妹一样，我觉得她们太酷了。那时她们上八年级，可以化妆、穿时髦的衣服，聊性和毒品。而我才上六年级，不能和她们一起玩，我只好从客厅的楼梯上往下看。她们把灯关了，点了一些蜡烛，围着玻璃茶几坐了一圈，把食指和中指放在游戏专用的乩板上，开始提问，关于男孩子、朋友和未来。我盯着她们手指下在灵应盘上快速移动的木板。但灵应盘不是这么玩的。

那时我痴迷于怪物和超自然现象，甚至因为带了一本有裸体女人的巫术书去学校，而被六年级的一位老师大声呵斥："玛姬，这样不对。"然后她给了我一本与屠杀动物有关的插图书。

我从楼梯上看着，越看越沮丧，最后，我低声说道："各位，我确定你们应该问类似于灵魂、鬼这类东西。这不是魔力八球[1]。"三双眼睛瞪着我，让我"闭嘴"，但很快她们就开始问一些与鬼魂有关的问题。气氛从轻松欢乐变为严肃沉重。指针移动的速度开始变慢，答案也越来越模糊。我看着她们悄悄问彼此有没有感觉到房间里有鬼魂出没。"你感觉到了吗？""我的天，哇，这太诡异了。"她们继续提问，向已故的亲人询问家里的秘密。因为感觉到他们就在身后徘徊，她们脊柱发冷（她们这样说）。我满足又兴奋地回到了自己的房间，计划自己的灵应盘试验。

我很快就不再迷恋那些神秘仪式，哥特式女孩的青春期，没长性。但我从未放弃想象那些奇妙的生物、神仙和超自然的冒险。只是有一个问题：我没见过鬼。我从来没有莫名其妙地发冷，也没有无缘无故听到人叫我的名字，从来没有过任何超自然的经历，尽管我曾经尝试过。我在每一次徒步中

---

[1] Magic 8 Ball，一种随机出答案的玩具。——译者注

第四章 驱鬼

寻找大脚怪[1],在每个湖泊中寻找尼斯湖水怪[2],在每个教堂里寻找鬼魂。我背地里羡慕那些经历过可怕的超自然现象的人。他们想要忘记那些事情,我却只想要一个我自己的故事,一个真实的故事。

写这本书时,我正在全世界的闹鬼地段寻找鬼魂。我到波哥大南部特肯达马瀑布附近曾经的酒店和大楼里探险。传说当地的奴隶相信,如果跳下瀑布,就可以变成老鹰飞走,逃离西班牙殖民者的野蛮奴役——他们试着这样做了,数百人丧生,但灵魂仍在,心怀怨恨,伺机报仇。1923年,卡洛斯·阿图罗·塔皮亚斯(Carlos Arturo Tapias)无视警告,在瀑布边建造了德尔萨尔托酒店(Hotel del Salto),专门让哥伦比亚的上流人士来喝酒、跳舞、炫富。可是,接二连三地,有人跳下瀑布。但是派对没有停止,直到楼上的房间里发生了一起可怕的谋杀,死者是一位年轻貌美的社交名媛,凶手因为瀑布的强大能量而精神失常。血迹斑斑的墙壁被清理干净了,但受害者的灵魂还在,报复所有擅自进入者。据说,如果时间赶得巧,可以看到她的倩影在窗户后面微微移动、等待和观察。这座酒店令人毛骨悚然,瀑布很美,但我没有看到德尔萨尔托酒店的鬼。

我还去了西弗吉尼亚州的跨阿勒格尼精神病院,那里有

---

[1] 未被证实存在的野人,直立行走,比猿类高等,具有一定的智力。——译者注
[2] 传说中尼斯湖里的巨大怪兽。——译者注

一个名叫莉莉的三岁孩子的鬼魂,她会在那里玩儿,握住你的手,偷走你的糖。莉莉的妈妈是该精神病院的一名病人,内战时被士兵强奸、虐待后被送到这里。我没看到莉莉,但精神病院真实的虐待史就已经很可怕了。我去了宾夕法尼亚州纽卡斯尔的希尔庄园(Hill View Manor),那里有幽灵杰弗瑞(Jeffery),他也是一个小孩,会在24小时内杀死所有看到他的人。我没有看到杰弗瑞,只看到一个废弃的疗养院。我计划前往俄亥俄州的波士顿村探险,那个村子又名地狱镇,是撒旦教举行仪式的地方,也是变种人和鬼魂的故乡。撒旦教徒占领了这个村庄,他们在黑夜中穿着黑色的长袍,带着兜帽,施用黑魔法,包括将人类和动物作为祭品,召唤灵魂,使其服从他们的命令。人们逃出城镇,因为不仅害怕撒旦教徒也担心住在树林里的变种人和疯子在寻找下一个受害者。逃亡路上会路过一座桥,在那里,人们能够听到哭声,那是作为祭品的婴儿的亡魂在哭喊。国家给了这个镇一笔巨大的土地征用权赔款,除此之外,没有什么了。

我有点沮丧。幽灵在哪儿呢?我不但去了这些传说中的闹鬼胜地,还去过墓地、教堂和人们的家里。每一个地方,都有人坚持认为他们看到了什么;但我没看到。我慢慢知道,单靠我一个人,不可能看到幽灵。

大约六七岁的时候,我问主日学校的老师:"怪物是从哪里来的?你知道沼泽怪物和狼人,在《圣经》里它们是在哪儿出现的？"她告诉我《圣经》里没有它们，它们像牙仙一样，是虚构的。我不相信。我知道牙仙是真的！她给过我钱。不仅如此，关于《圣经》，老师也说错了：《圣经》里有很多怪物，有一些还是伟大的怪物，从《旧约》中臭名昭著的海怪利维坦（Leviathan）和比蒙巨兽（Behemoth），到《启示录》中拥有七头十角、熊脚、狮子嘴的"第一野兽"（Frist Beast）。[72]事实上，现在大多数的怪物都参照了宗教典籍和现在所谓的神话故事（曾经人们对这些故事深信不疑，顶礼膜拜），不同文化对时间和地点做出轻微调整。事实上，通过怪物的传说，可以了解到社会的很多方面。

多年以后，我看到著名人类学家克洛德·列维-斯特劳斯（Claude Lévi-Strauss）的作品，他解释了人类如何通过塑造神话人物、鬼故事和怪物，让世界更有意义，并解释我们尚不了解的自然界、社会和人类自己，让无法控制的事物可控。[73]人类的早期文化塑造了比人自身更大的生命形式和怪兽，冠之以不同的名称，赋予其不同的属性，以解释风暴、火山、飓风和吃人的野兽。想象一下，人类祖先偶然发现公元前500年的恐龙化石，或者想要搞清楚闪电或冰雹时，会有多么惊讶。[1]

---

[1] 其他关于化石的有趣曲解有：独角鲸与独角兽有关；乳齿象头骨是独眼巨人存在的证据；甚至托马斯·杰斐逊（Thomas Jefferson，美国第三任总统）1790年命名了巨爪（Megalonyx，意思是巨大的爪子），他相信这只大爪子预示着这是一只猫科动物，后来证实是一只树懒。

在古代，我们的祖先在大自然的各种形式面前不堪一击：野兽、疾病、恶劣天气等。在《血祭》（*Blood Rites*）一书中，芭芭拉·埃伦赖希（Barbara Ehrenreich）展现了我们祖先的脆弱性：在食物链中，我们不在顶端，而是低层的果子。[74] 19世纪，仅在印度次大陆，就有超过30万人被大型猫科动物杀死——尽管这些人还有枪！哥伦比亚大学哲学教授、知名怪物专家史蒂芬·阿斯玛（Stephen Asma）一针见血地说："虽然现在对我们来说有点遥远，但在人类大脑的发育过程中，被锋利的爪子抓住、拖入黑洞、生吞活剥，并非耸人听闻。"[75] 因此，为这些自然界中无常的威胁赋予意义，把野兽变成可能战胜的怪物，使得任自然欺凌的人类产生了巨大的信心，倍受鼓舞。

我最喜欢的古代怪物是蝎狮，由亚里士多德首次描述，公元23年前后，老普林尼（Pliny the Elder）在著作《自然史》（*Natural History*）中将其编作索引。直至17世纪，该书都是关于奇异事物的权威。书中这样描述蝎狮："血红色狮身、人面、人耳、灰色眼睛，三排利齿像梳子一样，尾巴有刺，像蝎子一样。"[76] 狼变成了狼人，危险的狗变成了"卓帕卡布拉"[1]，食人蛇变成了龙，鱿鱼和章鱼变成了海怪，但最终人类都能战胜它们。事实上，我们至今仍在很大程度上将战胜怪物作为鼓舞人心的手段，20世纪30年代，好莱坞电影协会规

---

[1] chupacabras，西班牙语，意为"吸引山羊血的东西"，传说中攻击家畜并吸血的神秘动物，具有多种犬类生物的特征。——编者注

第四章 驱鬼

定必须在影片结束前打败怪兽。

随着有关自然的重大问题得到解决,未知的威胁慢慢向"家庭"逼近:不同的种族、宗教和文化首次相遇。这时,闲聊时讲的鬼故事是这样的:来自遥远国度的人们,他们身高10英尺,身上有尾巴、角、尖牙和魔鬼的眼睛。正如阿斯玛所写:"远东地区对古代的西方人来说,是片浪漫之地,但也有很多可怕的预言。[77]他们常常将波斯人、印度人和中国人等,与假的自然史和神话中的怪物和外来物种联系在一起。"虽然存在分歧,但将其他生物想象成恐怖的怪物在维护团结、保护资源和为战争集结军队方面非常有用。

走向文明社会的每一步都回答着那些重大问题,每次进步都伴随着一批超自然生物的诞生。怪物逐渐成了禁忌的代表和文明社会之外断壁残垣的罪魁祸首。它们还成了想象力的储存库:我们可以想象一个神奇的野兽,拥有人类没有的,或者想要的所有特征。但它们是虚构的,没有海怪,也没有泰坦巨神(Titans)。尚未解决的重大问题有关我们的内心,有关罪恶与救赎。

现代怪物依然反映着时代的恐惧,只是作为一种隐喻——哥斯拉(Godzilla)来自危险的核废料,丧尸源自社会崩溃,生化变种机器人则是无节制的科技造成的。[78]大多数人不相信这些怪物真实存在,认为它们只是帮助人们应对不断变化的世界的工具。但是,(全世界)仍有许多人相信一种怪物的存在，而且非常担心，那就是，鬼魂。[1]

在美国（日本更甚），对超自然的恐惧疯狂流行。[79]在惊魂凶宅的游客调查中，鬼魂在最可怕的怪物排名中名列前五。此外，好像总有与超自然现象有关的新电视节目出现：《幽灵猎人》(Ghost Hunters)、《幽灵猎人国际版》(Ghost Hunters International)、《极度恐慌》(Fear)、《鬼影森森》(A Haunting)、《死亡档案》(The Dead Files)、《鬼魅浮生》(My Ghost Story)、《事实与谎言》(Fact or Faked)，甚至是《名人鬼故事》(Celebrity Ghost Stories)，更不用说那些恐怖电影了——以上这些电视节目只是关于痴迷于鬼的人士的纪实作品。捉鬼甚至成了一种商业活动：急切的资本家们收购曾经的公共机构、教会、医院和酒店，希望超自然调查项目能让他们轻松赚钱，并且人们非常买账。[2]

我参观过许多有超自然调查项目的历史遗迹和前公共机构，很多都夸大了建筑的"闹鬼"史。例如，他们编造、讲述夸张的鬼故事，在某些地方放置道具或"神器"，或者改变温度来伪造超自然的数据。这对于来找乐子的好奇的普通游客来说很有趣，但我想要的是真实的东西。我与一个来自康

---

[1]《赫芬顿邮报》及著名调查机构尤格夫的联合调查（Huffington Post/YouGov Poll）显示，45%的美国人相信鬼魂存在，64%的人相信有来生。

[2] 希尔庄园之前是一家养老院，花65美元，你就可以在里面待一整天，寻找幽灵，如果你需要设备，就再加上25美元。该建筑是一片废墟，没有暖气，只有几个导游，几乎没有任何开销。设施越少越好！

第四章 驱鬼

涅狄格州的超自然调查小组取得了联系，该小组有一名专业的超自然摄影师、一名灵媒、一名音响技术人员和一名经验丰富的捉鬼者。他们选择了据捉鬼界所说是全美最常闹鬼的地方。那儿没有演员和吸引游客的噱头，管理者严格遵守规则，不谈论超自然现象、讲鬼故事或暗示此地闹鬼。哦，还有一件事——我已经在那里度过了一个晚上。是的，我要回到东方州立监狱了，但这次我不是一个人。

我希望能够告诉你们，再次回到黑暗中的ESP，我感觉舒服一些了，但我没有。40英尺高的墙壁和巨大的门让人很有压迫感，非常不安。有个想法一直在我脑中盘旋：如果这个地方真的闹鬼怎么办？我既希望它闹鬼，又不希望。我向小组中的八名调查员介绍了自己，然后，像社会学家喜欢做的那样，融入他们，准备静静观察。也许我可以了解一些人们对鬼魂的迷恋和恐惧，也许，离开时，我已经有了自己的鬼故事。

ESP像对待其他租客一样对待这些超自然调查员，也就是说工作人员和导游只能在现场进行指导和监督。他们告诉调查员可以去哪里、做什么、待多久，仅此而已。规则看起来非常简单：我们不能离开导游的视线，不能进入任何封着的牢房，不能独自出门进入院子。团队成员平静地接受了这些规则，边听边拿出设备。

我看着他们包里一个一个露出来的相机，总共有 10 或 12 个，突然冒出来，就像尼康小丑车一样。它们形状不一、大小各异，有数字的，有胶片的，甚至有一个我觉得是最早的宝丽来相机。让人印象最深的是一个固定在三脚架上的地图册大小的黑色运动相机。这是猎人用来远距离捕捉像鹿和熊这样快速移动的动物时用的相机。接下来是音响设备：两台数字录音机、一台卡带录音机、几个麦克风、耳机和一台扩音机。这看起来更像是打猎。我期待他们掏出一支步枪，但他们拿出了一些令我意想不到的小玩意儿：一支温度计、一个电磁场测量仪（用于检测电磁场的变化），还有一个网球、一个大塑料球和一个较小的密度更高的球。我立刻想到了《闪灵》（*The Shining*）中那两个可怕的双胞胎女孩："跟我们玩吧，丹尼。"（后来证明，这个非常应景。）

团队分成三组，去往不同的方向。我们组有经验老道的捉鬼者、活动的组织者汤姆（Tom），摄影师朱莉·格里芬［Julie Griffin，她出过一本书，叫《幽灵照片》（*Ghostly Photographs*）］，灵媒莱斯利（Leslie）和声音大师特蕾莎（Teresa）。我们沿着漆黑的囚区慢慢向前走，唯一的光线来自两个小手电筒。光线从中央圆形大厅辐射出去，导游坐在大厅中间的高椅上，在那里，三个组他都可以看到。我笑了——造监狱是为了便于监视，现在还是这样。

大家在我前面散开，我在后面慢慢走，给他们一些空间。我看着他们触摸墙壁，四处张望，仔细聆听。这座建筑像魔咒一样迷人，如果我第一次来，也会一直做同样的事情。我很高兴能将全部的注意力放在调查人员身上。如果我想看到鬼，就需要跟着他们。

莱斯利走了四分之一后停下，低声说道："你们看见他了吗？"她指着大厅，说："大厅那头的门口，站着一个高大的大肚子男人。"汤姆，目测有6英尺4英寸高，350磅重，偷偷靠近她，低声问："你看到他了？他在做什么？"莱斯利回答说，他什么都没做，只是盯着她。

莱斯利在闹鬼的房子里长大，那时她就知道自己可以通灵。她能看到鬼魂和灵魂，能担任他们与人类交流的媒介。这听起来像是一种不寻常的职业，但莱斯利远不是孤身一人。从远古时代开始，就有女巫和灵媒，现在他们的身影依然遍布世界各地。科学家们做了无数试验，想要"证实"灵媒的能力，结果都不尽如人意。大部分"优秀的"灵媒、女巫和算命师在感知和观察方面极具天赋。他们假装从精神世界得到暗示，实际上线索却是来自现实生活：衣服、发型、妆容、年龄、性别、种族和文化。这种"冷读术"（cold reading）并不是一个新现象，你可以通过一整本书，甚至更多的资料，去了解它。[1]但我不认为莱斯利是一个狡猾的或操纵性的冷读

---

[1] 想要了解更多，请查看以下图书：*The Full Facts Book of Cold Reading: A Comprehensive Guide to the Most Persuasive Psychological Manipulation Technique in the World* by Ian Rowland, *Guide to Cold Reading* by Ray

者；她真的相信自己可以通灵。

当然，研究尚未证实谁可以与灵魂谈话，或者存在鬼魂（这并不意味着他们不会在未来证实——谁知道科学将来会发现什么）。现在我们知道的是，有些人，比如僧侣、修女、巫师，非常有灵性，他们声称有自己有过灵魂出窍的体验，可以与上帝、大自然或者更高级的生物交流，甚至可以看到鬼魂。[80] 他们可以像着魔一样一页又一页地写作，或者用未知的语言说话。虽然一些巫师会使用死藤水（ayahuasca）或佩约特（peyote）这类迷幻剂，但大部分都可以通过集中注意力和祷告与更高级的生物沟通。研究人员对冥想中的巫师和修女进行脑电图（EEG）和功能性磁共振成像（fMRI）扫描，结果显示他们的大脑进入了一种不同的状态。他们的视觉皮层仍是活跃的——意味着他们可能产生了幻觉。此外，他们感知到与外部产生联系的能力似乎比其他人更强。这样的人是否具有天赋？他们看到的是否是"真实的"？

看着莱斯利，我睁大双眼，下巴都快要掉下来了，不知道该说些什么。我从来没有和别人一起经历过超自然现象，对于迅速到来的紧张气氛毫无准备。我以为我就是观察他们，看他们四处走动，拍照片，"感受"能量，可能还会发现超自

Hyman 和 *Cold Reading: Confessions of a 'Psychic'* by Colin Hunter。而我最喜欢的是 *An Honest Liar*，一部关于"神奇人"詹姆斯·兰迪（James "the Amazing" Randi）的纪录片，此人一生致力于揭露假相和江湖骗子。

第四章 驱鬼

然现象存在的证据。可是，看着莱斯利站在那儿，盯着走廊门口，汤姆和朱莉站在她身侧，我发现自己靠得更近了，眯着眼睛，沿着她的手指看向下面。我的大脑飞速运转："她看到了什么？那个人长什么样？我想看看！"我紧张地看着前方，身体前倾，而且，尽管没有任何东西挡着，我们都站在莱斯利身后，她则一动也不动。透过漆黑的门口，我辨认不出任何东西，但我们仍静静地站着，屏住呼吸，直到莱斯利移开目光，放下手，说，那个人已经消失了。每个人都松了一口气。

我们向下走，不时停下来用不同的相机拍照。整个过程团队成员们一丝不苟，用不同的快门速度、角度、曝光时间拍照，并通过神秘的电磁场探测器（EMF meter）和温度计做一些微调。四周一片死寂，只有相机的咔嚓声和闪烁灯在空荡的囚区中回响和反射。一切都像是慢动作。捉鬼者小心翼翼地移动着，我突然意识到自己笨手笨脚的，发出很大的声响。接下来，我走的每一步都像是踩在碎玻璃上。我像强迫症一样再次确认手机已经关机了，担心打破这微妙的沉默。

走到一半的时候，莱斯利再次停了下来。

她直视前方，盯着走道。在她前面，我没有看到任何东西。"你好，我叫莱斯利，"她对那片空地说，"你叫什么名字？"

鬼真的存在吗？有时候，机械或电气知识可以轻而易举地解释超自然现象：供热和通风系统（HVAC），散热器或电力系统故障发出的细微的传感信号。但是其他一些机器可能对我们为什么会看到鬼魂做出很多揭示。

第一台机器非常简单——扬声器。2003年，声学科学家理查德·罗德（Richard Lord）和英格兰南部赫特福德大学的心理学教授理查德·怀斯曼（Richard Wiseman）在伦敦的一场音乐会上对不知情的观众进行了一次实验。[81]在音乐会期间，他们让观众处于次声波中，也就是频率低于20赫兹、人耳听不到的声波，从本质上说，它是空气微弱的振动。在次声波中，人们感到不安、悲伤、厌恶、恐惧、脊柱发凉。并且，在对这项研究的详尽综述中，迈克尔·A.波辛格（Michael A. Persinger）发现，即使在实验室中，被试者也会产生相似症状。[82]

这些研究结果对维克·坦迪（Vic Tandy）这样的研究人员帮助很大，他们认为那些遇到超自然现象的人只是没有意识到自己处在次声波环境中。[83]身体通过耳朵、皮肤，甚至眼睛感受到这些听不见的声波，以为这些轻微的振动标志着有些地方不对劲。事实上，极低频率的声音经常是"嗡嗡声"（Hum）[1]的罪魁祸首，只有在某些地区的某一小部分人能够听到这种声音。[84]有很多原因能促发这种声音，从正在开工的制

---

[1] 出现过"嗡嗡声"的地点：英国的布里斯托、伯明翰、赫特福德郡和斯特拉思克莱德；美国新墨西哥州的陶斯和印第安纳州的科科莫；以及加拿大、德国、瑞典和丹麦。

第四章 驱鬼

造工厂到交配的鱼。"嗡嗡声"会产生严重的后果，让人失眠、恶心，在英国，已经证实"嗡嗡声"与三起自杀案件有关。我们听不到这种声音，也看不到振动的来源，这让我们很不舒服，而且会触发我们的防御系统，让身体做好应对威胁的准备。这个过程和提醒动物注意即将到来的灾难一样。例如，2004年印度洋大地震和海啸发生前几小时，动物们就回到了内陆。除了地震和海啸，雪崩、火山爆发和地磁活动都可能伴有次声波的产生。穿过或震动风力涡轮机和管道装置等人造器械也能产生次声波。有结构缺陷的大而空旷的建筑，比如废弃的监狱，或者腐朽的老宅子，是产生次声波的主要地点。它们有松散的地板和旧管道，一阵强风吹过，会发出让人难以忍受的响声。那一刻，即便你没有，你的身体也会"听到"振动。我自己的亲身经历，证实了不安和不适感与次声波相关。确切地说，我觉得它是惊魂凶宅的必备品。

第二台机器被称为"上帝头盔"（God Helmet），它让我们觉得自己并不孤单。[85] 它是由史丹利·科伦（Stanley Koren）和迈克尔·A. 波辛格在20世纪80年代末发明的。波辛格认为并不存在超自然的体验，它其实是我们大脑中的"干扰"产生的。波辛格相信，如果他能够破坏大脑的运转，他就能在大脑中模拟"他人存在感"（sensed presence）。波辛格和科伦发明的"上帝头盔"是用雪地摩托头盔改造的，在内部添加了叫作螺线管的小型电磁铁，直接作用于颞叶上方。激活后，"上帝头盔"将大脑暴露于弱磁场中——大概一微特斯拉（磁感应强度单位），比冰箱磁贴的磁性还弱。多次实验后，波辛格报告说，是的，他可以通过使大脑暴露于弱磁场来触发"他人存在感"。他在人的大脑中找到了神（和鬼）。[86]

科学家发现了上帝之源这一观点引发了争议，迎来了一系列挑战者，其中包括理查德·道金斯（Richard Dawkins）——他在美国 PBS 电视台的纪录片《地平线》（Horizon）中体验了头盔，虽然结果不尽如人意（他没有经历任何超自然体验）。瑞典心理学家佩尔·格兰奇维斯特（Pehr Granqvist）的一篇尖锐的论文指出，在重做波辛格的实验时发现，暗示性和人格特征决定了一个人是否会有超自然体验，与弱磁场没有任何关系。[87]事实上，关于为什么弱磁场能产生这样的效果，没有任何科学解释。至于强磁场能产生什么效果，则是另外一个故事了。

已被证实和复制的是，经颅磁刺激（transcranial magnetic stimulation，TMS）——一特斯拉脉冲（比波辛格的受试者接触的脉冲强一百万倍）——刺激大脑特定区域，可以让人产生"灵魂出窍感"或"他人存在感"。[1][88]例如，沙哈·雅兹（Shahar Arzy）在 2006 年的一篇文章中指出，反复刺激左侧颞顶关节确实能让受试者感觉到一个阴影。[89]事实上，在房间里有"他人存在感"的人有时会表现出颞叶的过度活跃，这与身体意识以及我们对自身和他人的感知有关。[90]当修女声称

---

[1] 不止这些，经颅磁刺激现在是治疗重度抑郁症、精神分裂症、神经性疼痛以及潜在的阿兹海默症和帕金森病的公认治疗方法。

第四章 驱鬼

自己专注祷告,与上帝合为一体时,核磁共振成像(fMRI)显示,大脑的这片区域被点亮。此外,颞叶癫痫(即颞叶内大脑活动过度)患者有时会经历某种叫做狂喜性癫痫发作的状态,产生可与经历超自然现象相媲美的感受,包括"他人存在感",强烈的灵性和狂喜。这种情况统称为戈什温迪综合症(Gastaut-Geschwind),还包括马拉松比赛和自发性写作。[91]

虽然磁场会干扰电子设备,让灯闪烁,但在自然界中,不可能有强大到能够唤起"他人存在感"的磁场。僧侣、尼姑、经验丰富的冥想者和那些具有颞叶癫痫症的人可以通过练习或生物手段破坏大脑中的信息传递,体验这些超自然的感受。所以,对于那些能看到鬼魂或者能感受到他们存在的人,我的建议是,在寻找女巫之前先和神经科医生聊聊。

我越来越期待。我向上看了一眼,看到朱莉在疯狂地拍照片,汤姆心不在焉地摆弄着手里的一个小玩意儿,并且每个人都在慢慢走动,紧张又兴奋。我看见莱斯利点点头,双手微微颤抖,但我什么也没听见。我们聚在一起时,莱斯利口中冒出了更多的询问。我惊叹地看着她,她在黑暗中用颤抖的声音轻声问道:"我们可以拍一张照片吗?""我们可以和你聊聊吗?""你在这里干什么?"

莱斯利说她在和一个年轻男孩说话,那个男孩14岁左右,他想让我们跟着他到院子里玩。我完全糊涂了。我真的看到了吗?我随着莱斯利的目光,试着想象她看到的情景。这时我想起了第一次来 ESP 时了解到的那名年纪最小的囚犯，一个少年，在 20 世纪 60 年代受到其他囚犯的保护和宠爱。这可能是他的鬼魂吗？莱斯利迅速走向囚区的出口，进入院子。我们一言不发地跟在后面。我的心怦怦地跳。

在我们到达出口之前，导游出现在我们身后，大声但温和地提醒我们，不能在没有监督的情况下离开大楼。导游像家长在孩子亲热时开了灯那样，立即将"能量"吸出了房间。莱斯利转过身说，那男孩走了。他没再回来。

独立探索了大约五分钟后，安静的"能量"回来了，接下来是球的时间。我看着朱莉取出一个球，跟一个大柚子的大小差不多，一半绿一半黑。我非常好奇。她要用这个球做什么？如果它滚下走廊，鬼魂会挡住它的路吗？它弹起来会发出奇怪的回响吗？没准鬼魂会把它滚回来，或者他们需要它玩光谱槌球游戏。害怕再次破坏情绪，我没问出来。我陷入这种"能量"，徘徊在他们身后，和他们有一臂的距离，专心观察着，仿佛我自己就是一个鬼。我意识到我相信有鬼了。

朱莉靠着其中一间牢房，将球轻轻地放在门框里，让绿色和黑色之间的线与地板垂直，然后退后。我快好奇死了。希望看到球在接缝处爆开，发出灼热的鬼光或出现所有在这里死去的人的亡灵，或者其他东西。但它只是待在那儿。队员从不同的角度拍摄了几张球的照片，然后安静地回到中央圆形大厅，把球留在门框里。我依然不明白，但我只能等着。

第四章 驱鬼

我们向下走到另一个囚区,莱斯利说她感觉到强烈的"能量",并在一间牢房靠右的三分之一处停下。据我所知,这间牢房没什么特别的,看起来也与其他几百间牢房一样:破碎的墙壁、成堆的灰尘和杂物,几根木头、钢条和一些石块散落在小小的水泥地上。天很黑,从远处墙上的切口透过一小束月光。莱斯利和特蕾莎走向牢房门口,她们踩到门槛时,我咬了一下嘴唇,弯腰躲在了牢房的栏杆下。那天晚上发生的许多事情都出乎我的意料,但这次我清楚地知道接下来会发生什么。正如第一次参观时艾米告诉我的:不管发生什么,你都不能到围起来的牢房里面。像是有心灵感应一样,导游出现了,再次提醒我们哪儿能去,哪儿是禁区。他吓我们一跳,但我忍不住笑了。这些人跟我一样,跟着好奇心走。我脑海中闪现出六年级的老师:"玛姬,这样不对。"

特蕾莎在牢房外设观测点。她坐在地上摆放工具。首先是一台带扩音器的数字录音机,外观与大喇叭相似。然后,她拿出一个老式录音机,至少有20年的历史。她说,这种录音机拾取瞬态声音的效果更好。我站在大约一英尺远的地方,专心地看着。她在磁带上贴了一个标签,写明地点、日期和时间,然后把它塞进录音机并按下录音键。整个过程发出的声音让我产生了强烈的怀旧感:圆珠笔在磁带上的叩击声、磁带滑入卡槽时笨拙的咔嗒声、盖子扣好时令人开心的咔嗒声、以及同时按下"播放"和"录音"按钮时默契而有力的按压声。我仿佛回到了13岁,在卧室里制作混音磁带。

特蕾莎把扩音器对着牢房，戴上耳机，闭上双眼。我目不转睛地盯着空旷破败的牢房，眯起眼睛看着黑暗的角落。

起初，他们尝试对着牢房说话，问有没有人。如果鬼魂发出声音或者有什么消息要传达，我们就能听到。他们温柔地喊话，然后安静下来。我们在黑暗中等待，聆听。我越来越期待，肌肉绷紧，全身心都做好了准备，以迎接接下来可能会发生的事情。我不敢动，也不敢眨眼，生怕错过什么。我准备好了。但我看到的只是在月光下漂浮的灰尘，听到的只有录音机里线圈温柔的转动和磁带轻柔的嗡嗡声。然后，感到一阵奇怪的眩晕，好像周围的世界都在动，只有我，一动不动。

我体会到一股强烈的酸麻感，从头顶一路向下，沿着脊椎，蔓延到四肢。我的肩膀不自觉地颤抖，身体却感到温暖、放松、充满活力。我闭上眼睛，暗自承认：似乎有鬼魂从我体内穿过。身体的感觉是真实的，没有什么明显的原因。我想不出任何其他的解释。我读过大量关于超自然现象和精神体验的研究资料，但从没看到过这种现象，不论是在教材里或是在实验中。我深吸一口气，控制不住地笑：终于来了，我的第一次超自然体验。

说我对超自然现象持怀疑态度有点夸大其词，但显然，我从未放弃过希望，希望得到证实，说这些现象是假的。然而，人类始终不能完整地理解赖以生存的宇宙。看看我们花

第四章 驱鬼

了多长时间才知道地球不是平的；即便在今天，我们也不清楚百慕大的飞机和船只为什么失踪。所以我刚才在牢房外体验到那种令人不寒而栗的狂喜时，有一种深深的"发现感"。

兴奋消退后，我的理性试图找到一些与超自然无关的解释。我考虑了次声波、癫痫和经颅磁刺激，但这些都解释不了。这种感觉跟发烧时的寒战[1]不同，也不同于大多数人经历过的，听到动听音乐时的为之一振。这种反应叫作颤抖（frission），在交感神经系统被激活时，比如在战斗或逃跑反应期间出现，经常和鸡皮疙瘩一起，从腰背向上移动。

我的交感神经系统好像被激活了，但我并没有起鸡皮疙瘩，而且监狱里一片死寂——我肯定没听见任何音乐。所以一定是有别的原因。

不过，作为一名科学家，我的怀疑精神不让我就此罢休，这令我感到沮丧。我知道有东西从我身上穿过，但可能是因为我太希望体验超自然现象了，大脑满足了我的心愿——心理暗示和心理安慰的作用非常强大，人们普遍认为可以用它们解释那些超自然体验。你想看到鬼，就看到了鬼。你想打冷战，身体就打冷战。大脑讨厌冲突，所以它们努力改变——努力到影响身体反应——使想法与经验一致。但是，从某种程度上讲，我一直觉得心理作用是科学家的借口：我没法解释发生在你身上的事情，灵媒什么的，只好说这一切都是你

---

[1] 发烧时肌肉迅速收缩、舒张以产生热量，防止严重的感染。热量消失时，人就会打冷战。

想象的。离开监狱后,我继续搜索文献,想要找到一个合理的理由,偶然发现了一个从没听说过的解释:自发性知觉经络反应(autonomous sensory meridian response,ASMR)。[92]

自发性知觉经络反应主要是从脊柱向下产生刺激。它不能被临床诊断,也就是说,目前还不能客观而清楚地对其进行测量。但人们对其感觉的描述相对一致:酸麻感沿着脊椎一路下滑,蔓延到四肢,最后消失。这个描述非常符合我在 ESP 的经历:像一瓶碳酸饮料倒在了我身上。与一闪即逝的"颤抖"不同,ASMR 可以持续长达 15 分钟,让人感到愉悦、放松、冷静。ASMR 可能被任何东西触发,但一般是:有趣的声音,比如指甲的敲击声、滴答声、揉袋子的声音;轻柔的声音,比如耳语或安静的指令[1];打扮和护理,比如梳头、按摩,甚至体检;专注做的事情,比如重复折叠。很多理论能够解释为什么它们能触发 ASMR。耶鲁大学的神经学家史蒂芬·诺维拉(Steven Novella)认为它们可能会引起大脑轻微癫痫发作。教授戴维·休伦(David Huron)认为人的打扮行为类似于灵长类动物的修饰习惯——现在是将二者结合在一起的时候了。[93] 还有人认为,安静的声音和耳语是让人放松的,天生能让人愉悦,但他们怀疑 ASMR 是迷走神经被激活

---

[1] 画家鲍勃·罗斯(Bob Ross)是 ASMR 界的偶像,我从小就迷恋他,直到大学毕业。我还有一本他的台历!要不是想着他画的"快乐的小树"(happy little trees),我不可能开车穿越宾夕法尼亚的山区。罗斯的声音、快速的笔触和混合调色板的柔和声音触发了 ASMR。

第四章 驱鬼

之后产生的另一种不同的反应。目前，对 ASMR 有很多猜测，但是科学的测试太少，还没有明确的结论。[1]

但这对我来说已经足够了。我经历的那次 ASMR，可能是低语和录音机的声音一起触发的。在黑暗的监狱里，捉鬼活动让人精神紧张。我们兴奋又敏感，充满了焦虑和期待。像前面提到过的，每当我们被唤醒时，就会处于这种高度紧张的状态；当我们为迫在眉睫的威险做准备时，系统会保持高度警惕，让我们警觉周围的事情。换句话说，当时我的唤醒系统意识到了危险，我要准备体验强烈的身体反应了。

尽管发现了一个与超自然无关的解释，但我不会放弃我的鬼故事。之所以有了这样难以置信的反应和令人敬畏的感觉，是因为我愿意放下怀疑，去体验。我和捉鬼者们一起，进入破败的老建筑探险，适应他们的节奏。我在黑暗中眯着眼睛，被房间席卷。那个男孩，让一切都值了。

我们在牢门外静静地站了十多分钟，竭力去看、去感受。

---

[1] 就在本书即将出版时，艾玛·L. 巴勒特（Emma L. Barratt）和尼克·J. 戴维斯（Nick J. Davis）根据一项对 ASMR 经验的调查研究，发表了有史以来第一份经过同行评议的研究结果：Autonomous Sensory Meridian Response（ASMR）: A Flow-Like Mental State，*PeerJ* 3（2015）: e851。虽然没有心理生理学的量化研究，但他们的发现证实了我通过自己的研究所经历和报道的内容。他们还发现，诱发 ASMR 可以暂时缓解慢性疼痛和抑郁症的症状。最后，在调查样本中，当一种感觉的刺激导致另一种感觉的激活时，联觉（synesthesia）的频率很高（5.9%，与一般人群的 4.4% 相比），这表明这两种体验可能是相互联系的。

尽管我刚刚认识这些人，但一起全神贯注地做一件事情让我们产生了一种亲密和相互同情的感觉。这让我想起了在汗蒸房里参加小组冥想。[这是一种被称为"内观禅"（vipassana）之爱的现象：当陌生人在一起冥想时，他们会表达爱意，即便他们从来不说出。]

牢房外，时间好像静止了，和我们处于高唤醒的恐惧状态时感受到的一样——如果不是其他队伍返回圆形大厅，打破了专注和沉默的氛围，我们可能会待更久。特蕾莎按了录音机的暂停键，我颤抖了一下，然后摇了摇手臂。每个人都活了过来，说录了这么好的录音可以分析他们有多兴奋。我没有说任何感受到鬼的事情。我仍然想低调一些，但这很难。我的身体叫嚣着想要分享我所经历的一切，就像在富士急乐园时那样。

后来，我问朱莉为什么选择这个职业。她是一名优秀的摄影师，可以为报纸或《国家地理杂志》（National Geographic）工作。为什么要花数百美元来追捕鬼魂？她的回答非常简单："这很有趣，非常吸引我，每回都是一次冒险。"我意识到我期待她回答的是一些史诗般的、黑暗的原因，比如想要驱散地球上的恶灵。然而，朱莉说她没有那么伟大。她喜欢捉鬼时的期待，那种在空间中的全身心的沉浸，还有伴随超自然体验而来的兴奋。其他捉鬼者也同意她的观点：是的，他们拼命地寻找证据，想要证明他们坚信的东西，同时他们也在

第四章 驱鬼

寻找那些拥有同样激情、想要一起探险的朋友。大家一起分享身体酥麻的经历，而不会被评判。我非常理解这一点。

我这次探险的目的是了解人们对鬼的恐惧，并希望能亲身体验超自然现象。我原以为这是出于我们对死亡的恐惧，以及与上帝和宗教的关系。后来才发现，至少在美国，人们对超自然现象的迷恋更多的是源自期待、兴奋、好奇以及最令人惊讶的，为了和朋友一起"享受"恐惧经历。从表面上看，那天晚上什么都没有发生。我们四处走动、拍照，在寂静中聆听。离开时，我没能更好地理解人们对死亡的恐惧（写完这本书之前我会理解的），但我确实理解了真正相信有鬼的喜悦和快感。这令人兴奋。放纵自己随想象奔跑，抛开所有怀疑，把握当下，这真的很开心。我仍然将其视为我的第一次超自然经历，即使它不完全是超自然的。

说再见之前，还有最后一件事要做：把球拿回来。兴奋而快速地走回第一个囚区时，我终于开口问道："球怎么了？"朱莉笑了起来。球里没有鬼，也不像灵应盘一样能够通灵。它只是一个球，但很适合测试看不见的东西。把球放好，拍照，再回来看看它是否被移动过。如果是，那么你就找到鬼了。非常科学。

我们走回了她小心翼翼摆好球的牢房，对我们即将发现的感到既紧张又期待。

台场怪奇学校入口,位于快乐微笑游乐园和搞笑图片商店旁。作者摄。

第五章

恐怖小屋

我去过很多鬼屋,比大多数人去过的都多。仅在 2014 年,就去了 30 间左右。我去过吉尼斯世界纪录中最长的鬼屋——俄亥俄州的恐怖工厂(Factory of Terror);和会喷火或开机关枪的大型电动怪物一起玩耍过——俄亥俄州的鬼魅山庄(Ghostly Manor);被数百名好莱坞化妆水准的演员吓到,他们从街对面的房子里伏击游客,有人踩着十英尺高的高跷走来走去,有人冷不丁地从蹦极绳索上滑下——费城的围墙惊魂记。我既去过号称是最激烈、最刺激、最极端的鬼屋——

— 117

纽约的知觉丧失鬼屋（Black Out），也去过那些友好的、适合与孩子和家人同去的鬼屋，还有那些介于两者之间的。不过，都是美国的鬼屋。

尽管美国的鬼屋早已不再局限于巫师、黑猫（女巫的宠物）和木乃伊，它们的历史和营业季节与万圣节（Halloween）仍有着千丝万缕的联系。万圣节在19世纪后期成为庆祝和娱乐的节日。早期的清教徒坚决反对万圣节，认为它是黑暗而邪恶的庆祝活动。但是来自爱尔兰和苏格兰的移民带来了古凯尔特人的萨温节（Samhain），这一天，人们穿上吓人的服装，点燃火把，吓跑痛苦的亡灵。[94] 多年后，万圣节结合了萨温节和基督教的诸圣节（All Saints' Day，人们在这一天纪念圣徒，为新离去的灵魂祈祷），成为传统节日，并最终演变成今天这个世俗的、商业化的节日（消费性开支仅次于圣诞节），囊括了所有能想到的怪物。

穿怪异服装、点蜡烛、披黑色披风、讨糖吃，这些习俗被混在一起，反复构思之后，形成了美国人现在都很熟悉和喜爱的万圣节传统：不给糖就捣乱、咬苹果、变装——从传统的吓人女巫到放荡的护士。[1] 作为孩子，我们喜欢扮演自己最热爱的英雄或恶棍，而作为成年人，用穿戏服的"漏洞"

---

[1] 一个驱赶邪恶灵魂的节日怎么变成了没有规则、不计后果的"道德放假"（另一个例子是狂欢节），是另外一个完全不同的话题。相关评论见 Elizabeth A. Grater, "The Rise of 'Slut-o-ween': Cultural Productions of Femininity in Halloween Costumes," master's thesis, George Washington University, 2012.

第五章 恐怖小屋

去成为别人、做从未做过之事的能力,无论是好是坏,都太吸引人了。鬼屋也逐步放弃了直面、偶尔愚弄死亡的传统,并迅速发展。但是构筑一个恐怖的空间,或者编造吓人的内容,当然不是专属于西方或美国的现象。事实上,为了吓人而建造恐怖建筑的历史可以追溯到古埃及,那时的寺庙和金字塔里有很多迷宫和雕像,十分吓人,令人过目不忘。而且雕像被触动后会移动,所有这些都会吓跑入侵者。

大多数美国人都把鬼屋当作这样一个地方——你走进去,有东西突然弹出来,吓你一跳。他们严格遵守鬼屋的规则:你什么也不碰,也没有什么东西会碰你(稍后我会说一些例外情况)。但在其他国家,没有规则。这是我刚刚在波哥大学到的,那儿刚开始流行鬼屋。我去加拿大、日本和哥伦比亚时也尝试了尽可能多的惊悚项目:从鬼屋到主题餐厅再到幽灵之旅,去观察不同文化的人们如何参与并创建可怕的场景。我还暗自希望能找到一个鬼屋,让我能像小时候第一次去学校体育馆改成的破败的鬼屋时那样高兴和兴奋。

幸运的是,我确实找到了它,在最出人意料的地方。

商业化的美国万圣节已经传播到世界各地,但在许多国家,鬼屋与万圣节并没有什么特殊的联系。在日本,天气刚刚回暖,鬼屋季就开始了,因为夏天去鬼屋(或者是日语中的 obake-yashiki)能让你产生寒意,凉快下来。[95] 这虽然听起来很蠢,实际上并非如此——从恐怖体验中获得"寒意"不仅仅是一个比喻。血液从皮肤里冲出，进入肌肉，为战斗或逃跑反应做好准备，皮肤温度因而下降。

去过日本的游乐园后，我决定体验一下这种独特的恐怖风格，"日式恐怖"（J-Horror）。我从探索景点"神秘与恐慌"（Mystery and Panic）开始，它位于浅草花屋敷游乐园（Hanayashiki），该乐园于1853年开业，是日本最古老的游乐场之一。这个小公园隐藏在繁华热闹的都市中，过山车和摩天轮从熙熙攘攘的城市街道中间开过是相当超现实的，通常游乐设施在地面上的占地面积很大，以防有人掉下来——在这里，如果你掉下来，你会发现自己掉在供应商的购物车中间。公园里所有的东西都过时了，带着时间的痕迹：生着铁锈的吱吱作响的轨道和车轮、有磨损的口袋妖怪小雕像，塑料花上的尘土。它让我想起现在流行的废弃游乐园的照片，不同的是这个游乐园还在营业。

我一开始进去的两个鬼屋让我怀疑自己是否能找到一个非常可怕的日本鬼屋。第一个地方叫作"惊险赛车：西式鬼屋"（Thriller Car: Western-Style Haunted House），它是19世纪初，游乐园刚开始迅速发展时出现的老派"死亡之旅"的完美典范：电车上画着吓人的图片，行驶在可怕的场景中，到处都是机械化的道具、闪光和吓人的声音。这个地方是现在直线穿行式鬼屋的先驱。"惊险赛车"像是20世纪中期的项目，电车以约3英里/小时的速度在生锈的轨道上行驶，伴随着突然启停。与此同时，在这5分钟的行程里，出现了所

第五章　恐怖小屋

有传统的美国怪兽：吸血鬼、狼人、披着破旧斗篷的满是灰尘的骷髅。这是孩子们的小玩意，一种恐怖的模拟物，恐怖程度因变化的文化期望而降低。

接下来，我去了"鬼宅"（Ghost Mansion）。我以为它是日本版的"幽灵鬼屋"（Haunted Mansion，迪士尼乐园的著名项目），事实上，它是一个沉浸式的音频鬼屋。我是第一次来这种鬼屋，之前在美国从没见到过（虽然我知道有这种类型）。[1] 故事是日语的，没有翻译。虽然不知道我错过了什么情节，但这次鬼屋之旅还是非常有趣的。音频可以和其他手段一样吓人，而且在这时在，音频和环境配合得天衣无缝：地板晃动时，能听到脚步声，灯光不停在房间中闪烁，然后全部熄灭。耳机里充斥着令人不安的声音：沉重的呼吸声、女人的尖叫声、婴儿的哭闹声，让我的脊柱发寒。[2] 快要结束时，传来逐渐消失的脚步声和砰砰的敲门声。

体验过"老派"景点后，我准备去看看21世纪日本设计的真正恐怖的东西。当我发现"鬼屋：纯日式鬼屋"（Haunted House: Pure Japanese-Style Haunted House）时，感觉自己中了

---

[1] 虚拟现实和4D技术的惊人进步——与3D动画同步的声音、视觉和环境暗示——成就了那些最好的娱乐设施［例如环球影城（Universal Studios）的变形金刚过山车（Transformers ride）］，但这跟沉浸式的音频鬼屋完全不是一回事。

[2] 根据国际情感数码声音系统指数（International Affective Digital Sounds index）——对声音突出特点（愉悦、唤醒和控制性）的评分，所有这些声音都是最令人不安的。

头彩,这时我才真正开始"文化无能"(cultural ineptitude)之旅。

在日本,我一共去了9间鬼屋,因为文化差异,犯了不下20个错误,这让我意识到平日里有多少社交法则是我们自己想当然的。例如,我第一次去的日式鬼屋,第一道走廊的尽头有一面墙,上面有很多扇门,但都没有明显标识,不知道哪一扇门可以出去。在美国,你不能碰鬼屋里的任何东西,包括日常生活中会用到的东西,比如门把手、电灯开关或者窗户,所以我发现自己有点懵:我该怎么出去?我耐心地等着,直到一名工作人员过来,指给我其中一道门。在富士急游乐园的慈急综合病院,我因为手电筒交得太早,导致一名工作人员追着我,又给我一支手电筒。[1] 还有两次,我误打误撞地走到了紧急出口。当我去最后一个鬼屋时,基本上是小心翼翼的了。

在日式风格的鬼屋里,除了我犯的"文化差异错误",我还注意到了恐怖布景传达出的文化差异。这儿没有专题,也没有很多特效,它的特色是几条普通走廊,里面没有演员,没有声音效果,也没有道具,这反而让那些令人不安的摆着传统日本怪物的玻璃陈列柜看起来更像是在恐怖博物馆,而不是鬼屋。例如,第一个柜子里有一个穿着传统和服的人体

---

[1] 在这里,不管什么时候,游客都应该随身携带一个手电筒,但是我以为不需要了,就把它放在了第一个废物箱里。然而并不是这样的,只有那些决定退出的游客才能把手电筒放在那里。

模型，像鬼一样，面色苍白，嘴巴很大，伸着手臂，当然了，还有大多数日本女怪物都有的黑色长发。我经过的时候，她的眼睛突然亮了，向前冲过来，停在了玻璃前几英寸的地方。我觉得她代表的是雪女（Yuki-onna），一个高大的美女，有着一头黑发和冰冷的蓝色嘴唇，跟踪人类，用冰冷的气息冻住他们，或是用犀利的眼神看他们一眼，杀死他们。日本文学中有各种版本的雪女，就像西方的吸血鬼一样，她是日本恐怖片里流行的"怪物"。

除了触发电子动画时有点吓人之外，我觉得雪女本身并不恐怖。事实上，我们对一些事物感到害怕是后天习得的，这背后的科学始于那个家喻户晓的关于流口水的狗、吓坏的婴儿和电动啮齿动物的故事（事实上，一些对恐惧的研究本身就是可怕的，这很讽刺，稍后我会详细说明）。

故事从伊凡·巴甫洛夫（Ivan Pavlov）开始。[96] 巴甫洛夫每次给狗送食物时都响起铃声，后来，铃声一响，狗就垂涎欲滴，这奠定了经典条件反射研究的基础。[1] 约翰·B. 华生（John B. Watson）通过对可怜的小艾伯特进行反射实验，将该理论提升到了更高的层次，尽管该实验在道德方面受到了质疑。通过将白鼠与响亮、吓人的声音配对，华生使小艾伯特对白鼠产生了恐惧，重复的配对很快就使小艾伯特害怕所有白色的毛绒绒的东西——这就是刺激泛化（stimuli

---

[1] 经典条件反射包括非条件刺激和条件刺激引发的非条件反应，这会导致动物对条件刺激产生非条件反应（后来称此为条件反应）。

generalization），即将类似的刺激与最初的威胁联系在一起，使其也变得可怕的过程。然而，故事还没有结束。B.F. 斯金纳（B. F. Skinner）的斯金纳箱实验将其进一步扩展。在斯金纳箱里，不同的动物有着不同的奖励和惩罚机制，根据此实验，他提出了操作性条件反射（operant conditioning），现在已经成为训练宠物（和人类）记忆的最佳方法。条件性学习在强化学物质的作用下发生得非常快，就像我们的威胁反应。通过恐惧条件反射，你可以训练他人对任何东西都感到恐惧——甚至是一只毛茸茸的小白兔。

鬼屋里的下一个场景中也充满了传统的日式陈设，全都坏了，破破烂烂、脏兮兮的。正中间是另一个穿着传统礼服的女人，当我触发运动传感器时，她变成了狼、熊和人类的合体。我想也许她是飞头蛮（Rokurokubi）——白天和普通人没什么两样，夜里展现超能力：伸长脖子吃人。混合生物在不同文化中都存在，它们的可怕有很多原因。首先，它们通常具有威胁生命的体征，如锋利的爪子和牙齿。其次，它们通常很庞大，很可能会飞，可以轻易超过我们。第三，它们是外观新奇的生物，这会产生一种审美失调感。

除了混合生物，鬼屋里还有幽灵般异常逼真的人体模型，这没什么好奇怪的，因为日本以其逼真的机器人而闻名，这些机器人让人既敬畏又恐惧，尽管它们没有做出什么让人恐惧的事，毕竟，它们的任务是安慰人类。对这些不像人类的形象和图片产生排斥和厌恶，是因为大脑感到困惑，发出了警报。我们的身体和大脑工作的基础是预测系统,就像"咚咚啪"终极飞车出发之前,我的身体一直强撑着,然而,当它并没有按照预想的时间出发时,就一下子垮了。大脑也是这样,根据预期来确定威胁。形象、图片和那些象征物看起来像人,但在某种程度上,我们知道那并不是人,这有悖于我们的期望,使大脑在处理信息的过程中产生了一种"错误"。机器人专家森井弘(Mashairo Mori)于1970年提出了"恐怖谷"理论(Uncanny Valley)[1]来解释这种现象。[97]并且,得益于加利福尼亚大学圣地亚哥分校的教授艾谢·瑟金(Ayse Saygin)的研究,现在我们有功能性磁共振成像和脑电波数据,能够准确显示大脑何时到达临界点。也许不出所料,瑟金的研究表明,这是我们预测系统错误的结果,本质上是脑回路间的一种错误表达。一条信息传来,说:"这是个人!"而另一条信息说:"不!这是个威胁!停下!"我们的大脑会感到困惑。

　　恐怖谷反应和预测系统混乱导致的恐惧,与对特定事物"硬连线"(hardwired)的恐惧不同。一般来说,任何感官惊吓(快速而意外地出现)都会触发威胁反应:响亮的声音、一阵风、一道闪光、强烈的气味(包括各种动物恐惧时释放

---

[1] 森井弘画了一张图:y轴表示熟悉程度和好感度,x轴是与人类的相似度,或者逼真度。森井弘指出,物体和人类越像,我们对它的好感度越强,到达一个临界点后,我们对那个相似物体的反应就会急转直下,开始感到恐惧甚至是厌恶。

的信息素），当然还有所有引起痛苦的东西。但研究仍然不能证明我们已经进化得只害怕特定的动物或刺激物，比如蜘蛛、蛇，等等。不过也差不多，功能性磁共振成像研究表明，当人们看到倒三角形和眼白的图片时，杏仁核会被激活。而且，阿维罗大学的桑德拉·苏亚雷斯（Sandra Soares）等研究人员发现，一些图像（具体说来，是蛇）从眼前快速闪过，即便大脑尚未辨认出来，也能引发我们的威胁反应。[98] 加利福尼亚大学的林恩·伊斯贝尔（Lynne Isbell）称其为蛇检测理论（Snake Detection Theory），该理论认为，因为历史上蛇给我们造成的威胁，我们已经进化得能在各个物种中更快地、有选择性地识别出它；看到蛇就跑的人活了下来，并把这种宝贵的经验传递给了后代。[99] 同样，罗格斯大学的瓦内萨·罗布（Vanessa LoBue）的一项研究发现，与花朵相比，婴儿会更快地指出照片中的蛇、青蛙和蜘蛛这样的生物。[100]

尽管如此，"硬连线"恐惧——意味着特定的神经网络只对特定刺激做出反应——的证据尚不完全。正如罗布和曼彻斯特大学的伊莎贝尔·布兰切特（Isabelle Blanchette）等研究人员所指出的那样，人类现在还可以更快地发现刀、枪、注射器等现代威胁。[101] 我们可能已经进化出了识别危险的能力，但不是针对特定的威胁，而且这种能力会根据时间和地点而改变。例如，你认为哪个更恐怖，枪还是蛇？嗯，这取决于你和谁、在哪里。埃塞克斯大学的伊莱恩·福克斯（Elaine Fox）把枪和蛇的照片放在人的面前，然后观察人们的反应。[102] 他总结道，在识别威险的过程中，人类首先考虑的是相关性而不是进化中的威险——也就是说，你是更容易被蛇咬中还是被枪击中？你的回答决定了你首先认出哪种危险（这在恐怖电影和鬼屋中更常出现）。在日本，人们更可能会选幽灵。

日本的大多数恐怖事物主要都基于幽灵的传说，不仅是在传统的鬼屋，我去的几乎所有鬼屋都表现出了这一点。[1]日本的宗教与美国的组织方式不同。例如，大多数人没有宗教信仰，在日本，这意味着他们不是某个特定组织或派系的成员，而都是日本传统宗教信仰神道教的信徒（51.8%）。佛教是仅次于神道教的宗教，事实上，佛教的许多修行方式和信仰已经与神道教混合在一起了。像大多数宗教一样，神道教和佛教（它们也经常重叠）都相信灵魂不朽，但在日本传统中，鬼魂、幽灵和神（kami，指神道教中受敬拜的灵魂）扮演着更重要的角色。

这反映了日本神话的特点，那就是它充满了鬼的故事，特别是那些非正常死亡的人鬼魂，他们在世间徘徊，折磨生者。正如临床心理学家、日本前文化事务专员河合隼雄（Hayao Kawai）所说："我们的神话中从来没有这样的情节：某某从此幸福地生活下去。"[103]日本人对鬼魂和灵魂深信不疑。1993 年

---

[1] 日本许多流行的恐怖小说、电视节目和电影都以吓人的鬼魂为素材。例如《伊藤润二之鬼卜怪谈》(*Shibito no koiwasurai*, 2001）和《毛骨悚然撞鬼经——真实的恐怖故事》(*Honto ni atta kowai hanashi*, 1991），都涉及鬼魂来到阳间。

进行的一项对大学生的调查显示，60％的人相信神。[104] 很多人请精神专家、巫师和其他可以跟死者说话的宗教权威，在出现非正常死亡的家中进行净化仪式。事实上，因为人们普遍认为死者会以鬼的形式回到阳间，在日本，有人被谋杀或自杀的房屋（被称为"事故建筑"）几乎都卖不出去。[1] 正如玛丽·皮克诺（Mary Picone）所说，这些根植于前现代宗教的信仰今天仍然存在：

> 有史以来，在日本，那些非自然死亡者，即死于暴力或因"污染"患的疾病的人，或客死他乡、死无全尸、早亡的人——特别是那些没有子嗣，在追授祖先时才被追悼的人——人们认为他们的灵魂在阴间会遭受痛苦，并且/或者会对生者造成危险。总而言之，对鬼的恐惧是前现代宗教中最强烈的元素之一，并且会继续流行。[105]

我去的每一个鬼屋都有一个和暴力死亡或混乱的关系有关的故事，这个故事浸透了这片空间，使厉鬼（Yūrei，指那些死得很惨的鬼魂）萦绕其中，折磨每一位来访者。我没有看到任何女巫、斧头杀人犯，或是浑身血污、手拿链锯的疯子，这些形象在美国都很常见，人们也期待在鬼屋中见到他

---

[1] 根据法律规定，房地产经济人必须把过去7年内房屋住客的死亡情况告知新房客。然而，由于低收入住房的需求量很大，许多"事故建筑"现在凭更便宜的价格备受追捧，它们的租金通常是市场价的一半。[106]

们。日本的鬼屋比美国的更阴暗，霉味更大，更锈迹斑驳——这或许比血腥更令人毛骨悚然（尽管也有许多血腥）。美国的恐怖片和鬼屋里看到的更多是怪物的内脏，或是在心理上或身体上以某种方式破碎了的人。这反映了美国文化中英雄叙事的演变——英雄在与怪物的搏斗中死去。[1] 就日本传统的恐怖片而言，恐怖主要集中于阴间，还有我们死后的鬼魂。日本的恐怖电影往往令人毛骨悚然，喜欢用沉默和悬疑来暗示暴力而不是明白地说出来。主人公不会像对待敌人一样与恶魔搏斗，他们试图逃避过去。对比美国版《咒怨》（*The Grudge*）和日本原版（*Ju-On*）就能看出这一点。这两部电影都是由日本制作人清水崇（Takashi Shimizu）执导的，但日文版更为安静，幽灵更像是人类，故事围绕着被诅咒的房屋，而不是人物角色。

即使去了9家鬼屋，我仍然没有感到非常害怕，就像在匹兹堡，去了1000次惊魂凶宅。我甚至冒险去了一家以监狱餐厅为主题的鬼屋，名为"临时拘留所"（Lock Up），在

---

[1] 史蒂芬·阿斯玛在他的著作《关于怪物》（*On Monsters*）中，讲述了怪物和英雄的形象如何随着时间和地点而变化。以贝奥武夫（Beowulf）的演变为例：起初，在北欧神话中，他是一个强大的、有闯劲的、骄傲的战士，他杀死了以杀人和破坏为乐的邪恶怪物。在21世纪翻拍这个故事时［2007年由派拉蒙影业公司制作，泽米吉斯（Robert Zemeckis）执导］，格伦戴尔（Grendel）和他的母亲不是没头脑的怪物，而是受尽了残忍的虐待和误解，而贝奥武夫是个自私的恶霸。

那里，身着迷你裙的执法人员会铐住你，把你锁在牢房，为你提供"弗莱迪克鲁格鸡肉手指"（Freddy Krueger Chicken Fingers）[1]和"墓碑土豆泥"（Tombstone Mashed Potatoes）这样的食物。我还去了一家"幽灵酒吧"（Ghost Bar），看起来就像一家具有万圣节精神的商店在餐馆内爆炸了。饮料盛在头骨中，身体部位随机散落在地板上，如果你大声拍手，黑色塑料蝙蝠会从天花板上掉下来（这也是游客叫服务员的方式，他们都打扮成了雪女）。这两家餐厅都展示了日式恐怖如何快速变成闹剧，看起来更搞笑而不是恐怖。

但是日本也有一些位于世界前列的让人抓心挠肺、毛骨悚然的恐怖景点，我想要亲自体验。很晚的时候，我在网上搜索日本鬼屋的信息时，在YouTube的预告片中看到了一个名为"台场怪奇学校"（Daiba School Horror or Odaiba Strange School）的地方。天一亮，我就向东京狄克斯海滨购物中心（Decks Tokyo Beach）走去。

那是一个阴雨绵绵的日子，天气有点冷，非常适合做这些有点吓人的趣事（和进行短线航行，因为鬼屋在水边）。东京狄克斯海滨购物中心是大型海滩综合娱乐场所，有世嘉欢

---

[1] 鸡翅排列成手的形状，把辣椒当作指甲。它确实恶心到我了。另外，饭吃到一半的时候，监狱暴动，警笛呼啸而过，服务员在追一大群身着恐怖服装的人，这些人边跑边杀人。这一切都很奇怪，但没有比在猫头鹰餐厅上演的神秘谋杀晚餐剧更恐怖。

第五章 恐怖小屋

乐城（Sega Theme Park）——不出所料，里面一个人都没有，就像冬天的大西洋城浮桥（Atlantic City Boardwalk）一样。我在这个有好几层的娱乐场所和商场里逛得眼花缭乱。作为一个身在他乡的异客，我已经有一周没有和人（除了我自己）聊过天了，每天晚上平均睡四个小时。我路过了很多像"快乐微笑游乐园"（Happy Smile Playland）和"搞笑图片商店"（LOL Picture Shop）这样的店，当看到一个悬在十字架上的尸体时，我真的以为自己出现了幻觉。那个尸体一头黑发，带着手术口罩，被红色的灯光、蜘蛛网、警示胶带、葡萄藤和随机切断的器官包围着。

我站在那儿盯着它后面的鬼屋正门：台场学校。它看起来像是一所旧校舍的正门，上面铺着布满血迹的木板瓦和生锈的水管（另一侧，莫名其妙地有一棵荧光粉色的电动松树）。我的困惑一定很明显。收银员用友好而充满活力的声音跟我说话。我走过去，微笑着举起双手，摆出了一副"我只会说英语"的样子。经过整个旅途的训练，现在这个表情我已经做得非常好了。她笑了笑，离开了几分钟，然后带着一个计算器回来，告诉我入场费是 800 日元——折合成美元是 8 美元左右，并做了一个欢迎的动作。

尽管收银员精力充沛，态度友善，但我当时已经比去其他鬼屋更害怕了，那是出于一个意想不到的原因。我曾经去过的那些鬼屋都是大制作，或者至少都开在游乐园里，有人检查过，有安全保障，遵守严格的协议。而这个奇怪的鬼屋，在荧光色的店铺之中鹤立鸡群。谁知道它的规则是什么？我觉得自己像一个迷路的女孩，徘徊在荒野中，或者像苏西·巴尼恩（Suzy Bannion）走在《阴风阵阵》（*Suspiria*）的德国舞蹈学院。希望这里面不会有邪恶的侍女。

付完钱后，收银员开始跟我说话，脸上露出严肃的表情。我不禁担心会不会遗漏什么重要信息？如果她告诉我，会有血溅到我身上，或者有一桶水倒在我头上，我该怎么办？我不知道自己付钱是要买什么，而且我已经犯下数不清的文化错误了。看到我皱起眉头，面容忧伤，收银员走过来，示意我把相机放在背包里。然后，她带着我绕过校舍来到了入口，指了指黑色幕布的前方，然后就离开了。我站在她指的地方，等待着。

我们所有的社交互动都是通过读取、理解、回应身边人的非言语信息而产生的，这种能力是人类与生俱来的。[107] 从出生的那一刻起（严格说来最早是从出生 9 分钟之后，没有测到过更早的时间），人类就表现出对人脸的偏爱：我们喜欢看各种各样的脸，并且很快学会了如何区分表情。这个技能对生存至关重要——能够识别表情并做出回应不仅能让我们在面临危险时活下来，还能帮助我们建立牢固的社交关系。你能想象自己张开双臂跑向愤怒的暴徒，而不是逃离他们，或是在爱人情绪低落时离开他，而不是安慰他吗？

但是，尽管所有人（除了那些患有某种疾病的人）都具

第五章　恐怖小屋

备这种能力，我们如何感知、理解、回应情绪表达，还受到文化、自然环境和基因的影响。[108] 例如，游客从被吓人的怪物吓到，到跳起来的瞬间，有一系列的互动。首先，文化塑造了怪物的形象——从牙齿到尾巴。接下来，基因影响了受惊吓的程度——影响其威胁反应的激活状态（高还是低）。然后，文化再次决定游客的反应——是尖叫着跳起来10英尺高，还是小声惊呼，然后向后退。我们的情绪表达是基因、环境和文化之间复杂的相互作用的结果。这意味着我们如何解释恐惧的表情，以及我们如何表达恐惧，会根据时间和地点而改变。

我在日本，后来又在波哥大进行了一些简单的实验。我让在鬼屋排队的陌生人扮演熊或怪物。他们的表现方式大不相同，从露出牙齿的数量、眉头紧锁的程度、鼻孔张开的程度、咆哮的声音，到伸出手臂抓我时的攻击性。一般来说，日本人更含蓄更柔和；哥伦比亚人外向一些；而美国人基本上都打到了我。

我独自站在怪奇学校门口，周围是骷髅、吓人的面具和布满葡萄藤的人造石墙，一点也不知道等会儿要从哪儿进去。我上过它的官网，但只有日语，YouTube 的预告片也没有拍里面是什么样的。如果这是某种具有实验性质的极端鬼屋怎么办呢？他们会把我绑了，锁在房间里。我很紧张，又兴奋不已，就像小时候，第一次去鬼屋时的感觉。

一个不知道从哪儿出现的年轻人，30 岁左右，黑色的直发刚刚盖过耳朵，在我身后吓了我一跳。他用日语跟我说话，但看到我茫然的表情和手势，还有我自己都觉得烫的脸后，立刻停了下来。我确定一定是我做错了什么。他笑了，微微鞠了一躬，让我放心，并示意我继续在这儿站着。在交完钱的 10 分钟里，没有其他游客，也没看到其他人。

终于，那个年轻人回来了，后来，我知道他叫尤里（Yuurei），他带着一块 8.5×11 英寸的"指南"硬纸板，上面用英文写着"说明"。[1]我松了一口气，读到：禁止携带相机和手机，禁止触摸，禁止推挤。然后是我从来没见过的："注意不要太害怕，不要站着不动。"（很快我就知道制定这个规则的原因了。）然后，尤里递给我另一块纸板，上面有三段长长的英文，他不断地指纸板，边指边卖力而大声地重复。我慢慢明白了他的意思："你还需要看看这个，这个很重要。"

除了浅草花屋敷游乐园的几家老古董鬼屋，每一家鬼屋都要求我阅读或浏览大量的背景资料来了解基本信息。在慈急综合病院，我得坐下看一段视频，视频讲述了那里发生过的不幸的死亡事件以及留下的冤魂。也许这也是其中的一种方式。

---

[1] 原来尤里平野（Yuurei Hirano，Yuurei 不要与日语中的"鬼"——Yūrei 混淆）是这个鬼屋的设计师和建造者，他在中国台湾和日本各地开了很多家鬼屋。

这很难确定，因为尤里不会说英语，我也不懂日语。我只好靠他的表情和语调理解，但对此，正如玛丽亚·根德隆（Maria Gendron）、黛比·罗伯森（Debi Roberson）、雅可比·玛丽塔·范德维希（Jacoba Marieta van der Vyver）和丽莎·巴雷特·费尔德蒙（Lisa Barrett Feldmon）所展示的那样，每种文化都有不同的表达和解读方式。[109] 当玛丽亚·根德隆及同事们让来自纳米比亚西北部、与世隔绝的辛巴族人根据西方人的声音辨认情绪时，他们能够准确识别基本情绪（积极的还是消极的），但无法归结到具体的词汇上（愤怒、害怕、惊讶、快乐、伤心、厌恶）。我们在社会化的过程中知道了如何辨别嘲讽（日本人不经常这样做），如何分辨喜悦的泪水，知道了什么时候是在享受"恐惧的乐趣"，什么时候是在崩溃边缘。在肢体语言方面，杰西卡·特蕾西（Jessica Tracy）发现了"通用"姿势的一些证据，例如庆祝时把手臂伸向天空（盲人运动员也这样做），或伸出手抓住别人——但强度、距离，以及有时候做手势的目的都很受社交环境的影响。[110] 在日本，长时间的目光接触被视为挑衅；给人东西时，需要用双手递。另外，让一些旅客目瞪口呆的是，在美国表示"OK"的手势（食指和拇指接触，其他三根手指伸展开）在日本代表着钱。

尤里让我读的是两个学生的故事，他们一个是被邪恶的老妇人关在笼子里折磨的女孩（雪娃娃），另一个则是在学校里自杀的男孩。这个受到死亡诅咒的学校现在到处都是恶魔和恶鬼,我要进去打败恶势力,拯救被关押、虐待的女学生。我的任务不会很简单,可能会遇到邪恶的幽灵,我必须要勇敢。有工具帮助我:指引道路的手电筒,还有一个符咒(Ofuda),即一张带有神圣的神道教经文的纸,可以驱散邪灵。[1] 我必须找到校舍里的火,然后背诵符咒上神圣的文字,将它扔进火中,这样才能消灭邪灵,解救女孩。

只是读这个故事就让我毛骨悚然。尤里递给我一支手电筒和一张又小又薄的纸,我的符咒。他把我带到入口,指着纸上的字,大声地念,然后指着我,我重复了一遍。他摇了摇头,更大声地念,我照着他的样子重复,我们又重复了两次,每次都比上一次的声音更大。我心跳加速,抓紧了手电筒(这次我不会把它扔了),把符咒放在面前。我会勇敢地面对邪恶的幽灵,找到火焰,重复神圣的文字,然后烧掉它,赶走邪灵,拯救女孩。我感到肾上腺素激增(更具体地说,是肾上腺素和皮质醇)。尤里笑了,拉开了帷幕。成为英雄的时刻到了。

我走了进去,立刻被精心设计的效果吓了一跳:一个扬声器,一盏频闪灯,一阵风。我慢慢走过狭窄的走廊,手电筒照亮了道路。我不断地从左向右查看,觉得肯定会突然弹

---

[1] 许多日本人在家里放符咒,防止恶鬼进入。

出什么东西。我像一个集聚着能量的球。我紧张地在一个死角处侦查：完全没有危险。我转过身，把手电筒照向长长的走廊。微弱的光线照到了一位身材高大的女子，她身着一件破旧的白色长款连衣裙，乱糟糟的及腰黑发挡住了她的眼睛。她恰好站在手电筒的小光圈里。我站起来，惊得张大嘴巴。我该继续走吗？我向前迈了一步，她立即伸出双臂，向我冲来。她直奔我跑来，我开始尖叫，本能地向后退，直到撞到身后的墙，没法再退了。我紧紧地缩在角落里，把手臂和肩膀抱在胸前，希望能够避开袭击。"天啊，"我尖叫着。"天啊！天啊！天啊！"

刚踏入日本鬼屋，我就发现了它的不同之处。不像我在惊魂凶宅从墙后观察了 7 年的美国人——他们本能地排成一列走，就好像回到了小学——日本游客聚成一个半圆，慢慢地移动，一起穿过鬼屋。而当出现紧急情况时，美国人会尝试自救。我们尖叫，奔跑，在空中挥舞手臂，或者将它们抱在胸前——就像我刚才受到鬼魂袭击时做的那样。日本人则不同：他们小声尖叫，收紧半圆，蹲伏在地上。一组年轻人在慈急综合病院走到最后时，全部弯下了腰，几乎都要跪在地上了。

这种反应是一种集体主义——日本著名的文化价值观，在日本，病人会戴口罩使他人免受细菌的伤害。[111] 在波哥大，我发现游客们挤在一起也是常态，你是和朋友还是和陌生人缩在一起并不重要,而且每个人的反应都更具表现力。例如,在萨利特雷魔幻游乐园(Salitre Magico)的特罗城堡(Castillo Del Terro,在波哥大我唯一能找到的鬼屋),游览快结束时,我身后的女人一直抱着我的腰,把头埋在我的后背,前面的女人一直挤我,这样我的头就可以靠在她肩上。然后,每次被吓到的时候,大家都非常大声地尖叫,抱得更紧。我们一起跳起来,挤在一处,甚至摔倒,我们是一个群体,是移动的恐惧的人潮。

但在这个奇怪的小鬼屋里,我独自一人。不能躲在谁身后,不能抓住谁的衣襟,也没有人在前面或者后面分散恐惧。只有我,以及一个非常愤怒的鬼。

自从成为刺激寻找者以来,从来没有哪个怪物在鬼屋里直奔我来。这不仅仅是个巧合,鬼屋的演员通常不会全速冲向游客,因为这会让他们后退(造成拥堵),有时甚至会产生暴力(人们会反击)。因此,在美国,"把人们吓得向前跑"更划算。但是,怪奇学校没有这样的规则。一个幽灵向我冲来,我吓掉了魂儿。

恶灵在离我两英寸远的地方突然停下了。她比我高出七八英寸,从她的头发后面,我听到她的呼吸好似低吼一般。我真的很害怕,边抖边呜呜哭着。然后,她和冲向我时一样突然地,转身走了,白色长袍在她身后飘扬,最后融入了鬼魅的黑暗中。我们相遇不超过20秒,却像是过了很久。[112]

第五章 恐怖小屋

待在 ESP 监狱里的时候，我对时间的感觉也变慢了，很可能是因为我故意地把注意力集中在感觉上——更不用说我的肌肉疼死了，换句话说，我的岛叶皮层非常忙碌。对我来说，这一次有两个原因使这一刻显得如此缓慢：一方面，它是完全陌生的，另一方面，我被吓呆了。我们更关注恐怖和新奇的事物，我们必须创建一个全新的空间去存储它们，或确定它们是否属于现有的模式。对我来说，我必须在我的恐惧鬼屋角色文件夹里，找到一个存储"猛鬼"的位置。

我们确保自己记住可怕的情形，因为这对我们有利，我们在将来可以避免它们。所以我们害怕时，记忆会更丰富、更有层次。戴维·伊格曼（David Eagleman）做过一些非常有趣的实验来证实这一点，包括让志愿者们不带防护措施，直接向后倒，跌入一张大网里。[113] 和预期的一样，人们认为自己倒下花的时间比其他人长。伊尔·巴-哈伊姆（Yair Bar-Haim）和同事们也发现，焦虑的人面对轻微的威胁时，比如一张蜘蛛的照片，会感到时间过得更慢。我们需要编码的细节和体验越多，这种体验持续的时间越长，这也是为什么儿时的夏天似乎永远也过不完，而随着年龄的增长，它们开始飞逝。我们年轻时，一切都是新鲜的，我们有许多图像、气味、场景和声音要记录。但随着年龄的增长，让我们感到新奇的事物越来越少。（但不一定非要那样！去旅行！）最后，我们的大脑将向我们走来的物体理解为威胁，所以，当我们处理并编码每个细节以备未来之需时，就会感到时间变慢。这些发现仅仅是基于人们在电脑屏幕前看浮动磁盘的结果；而我迫不及待地想知道，如果迫在眉睫的威胁是这个冲向我的愤怒鬼魂，结果会怎样。

我站了起来，再次用手电筒扫过面前的走廊。我逼自己继续走，一路向前，在另一个死角处拐弯。我屏住呼吸，期待与恶灵的再次相遇，但没有人出现。我松了一口气，这时，恶灵从旁边出现了。她冲着我咆哮，然后迅速离开，可能是穿过了一扇隐藏的门。我又开始尖叫，恐惧感比以往任何时候都更加真实。我在自己的鬼屋里被鬼跟踪了。

我还有任务。我得找到火，救那个小女孩。我用手电筒照了一遍长长的、黑漆漆的走廊，墙壁好像被大锤打过一样，及腰的磨砂窗户上还有血迹斑斑的手印。房间里到处都是校舍的配置，桌椅和铅笔盒散落在地上。一些暗影经过窗户，在上面投下阴影，等会儿会从下一扇门后面出现。最后，我转过死角，看到了闪烁的光芒。那一定是火。我走向亮光时，一阵巨大而低沉的轰鸣声响彻走廊，这声音包围着我，我越接近火焰，声音越大。然后突然响起了撞击声，并有一声巨响——我跳了起来，转过身，看到了幽灵。她回来了，脸被我身后的火光照亮。她鬼哭狼嚎地从后面向我冲来，双手在空中挥舞。我像动物一样夺路而逃，跑向大厅里火的方向。她一路追赶。我喊出了神圣的经文，把符咒扔进了火里。刹那间，恶灵消失了，轰鸣声也停止了。

我气喘吁吁地走出鬼屋时，路过了一个日文标志，我猜上面写了一些拯救被虐待的女孩和击败鬼魂的内容。尤里和收银员都在出口处等着我，面带笑容。我的叫声一定很大，因为他们不是唯一等我的人，一群人从拱廊上过来，想看看发生了什么。我走出来时，边鼓掌边说太棒了。然后向他们鞠躬，表示感谢。

我明白了不需要有200名演员扮演不同的怪物，把你吓得屁滚尿流。一个幽灵就足够了，一个无论你走到哪里都能找到你的幽灵。这个小鬼屋只有一个演员，玩完只需要5分钟，然而它让我尖叫，帮我找到了6岁时的感觉。我在这儿尖叫的次数比在美国一些排名前列的鬼屋都多，尽管它们有昂贵的电子动画系统和20英尺高的怪物。是的，也许一部分是因为我疲惫和晕头转向的状态，以及我对将要发生什么完全不知道。但我相信主要是因为我深深沉浸在了这个故事中，而且感到了我与女孩和鬼魂间的情感联结。日本文化更加看重未来，讲述故事时注重时间和精力的投入，知道这些都会有回报。而且，解救他人的环节反映了一个更集体主义的观点——不仅仅是要自己活着通过，还要成为英雄。阅读材料和为穿过鬼屋所做的其他准备，让我处于完美的唤醒状态：兴奋、紧张的同时，跃跃欲试。第一次受到惊吓时，我沉浸在故事和场景中，没有任何事情能够影响我。我不仅仅是被动的观众，还是故事的一部分。我感到勇敢，自信，无所畏惧。

后来，我去了海边，然后踏上长长的旅途回到北边的酒店。在火车上坐累了，我便提前下车，走了最后一英里路。已经晚上11点半了，但我并不特别担心安全问题。在东京的时候，我曾经从新宿走到浅草寺，没有遇到任何危险。街上没有骚扰者，没有小偷，没有粗鲁或者有攻击性的人。人们甚至连自行车都不锁，直接放在街上，有时候车筐里还放着私人物品。这让人惊讶；在美国，我挑水果时，甚至都不会让购物车离开身边。如果晚上独自一人走在街上，我会想象很多"如果—怎么办情景"，我会右手拿着防狼喷雾，手指放在开关的位置，时刻准备逃跑。但那天晚上，我很有安全感。我走过了四群人，看起来都是日本上班族，有几个明显喝醉了，走得跌跌撞撞的，但没有人对我说话。他们似乎都避免眼神接触。没有人吹口哨，没有人说"嘿，宝贝儿，你要去哪儿？"

回想整段旅程，我由衷地感谢周围人对我的体贴和尊重。然而，日本人却喜欢各种恐怖娱乐设施，设计出了让人不安、毛骨悚然的恐怖内容。我想知道这两者之间是否有关联，以及一个社会客观上的安全与人们通过恐怖道具进行恐怖体验有什么关系。在哥伦比亚的波哥大，我会得到答案。但离开日本之前，我还要再面对一种恐惧。

PART III:
REAL FEAR

第三部分:
真正的恐惧

> 我步入丛林,因为我希望生活得有意义,活得深刻,并汲取精华。然后从中学习,以免让我在生命终结时,却发现自己从来没有活过。
>
> ——亨利·戴维·梭罗(Henry David Thoreau)

前往青木原的路上大雾弥漫。西蒙·瓦哈拉 (Šimon Vahala) 摄。

第六章

人终有一死

　　我最早的记忆是关于骨头的。小时候，每个周末，我都和妈妈的家人一起在外公的绵羊牧场里度过，牧场位于巴尔的摩县北部，面积有 123 英亩。我不知道我那时几岁，只记得还没有田野里的杂草高。两个哥哥问我要不要看点很酷的东西。我当然想！牧场已经没有羊了，谷仓也很凋敝。我跟着他们绕过拐角，来到破碎的石墙后面，然后他们蹲下来挖土。他们将挖出来的东西推到我面前，我看到的并不是期望中可爱的森林生物，而是一个约 7 英寸长、灰棕色的小东西，上面有许多小孔，边缘圆滑。"羊骨！"他们告诉我。"你拿着一块死羊的骨头。血都流光了！你看，这儿到处都是！"我扔掉骨头，跑回山上，哭了一整天（后来有10年的时间，我都是吃素）。那天，我知道了所有东西都会死去。

几年后，我对这一点有了更深的理解。我亲爱的外婆与阿兹海默症搏斗了数年后，离开了人世。她总是面带微笑，为我烤新鲜的蛋糕。去棺木边和她道别时，我既生气又困惑。那个躺在柔软的白色缎子中的人不像是我的外婆。殡仪师在她自然、美丽的脸上涂了厚重的遮瑕膏、腮红和眼影。她看起来像是另外一个人。我紧闭双眼，想要将她从脑海中抹去。但挥之不去。仅仅两年后，她的丈夫，我那养羊的外公，死于肺气肿。又过了两年，几乎是在同一天，他们的儿子，我的舅舅意外死亡。我母亲的家人悲痛欲绝。我站在厨房里，看着妈妈和舅妈们痛哭。我不想再面对亲人离世了。我将这些记忆放在脑海深处，在它们浮现时，置之不理。17岁时，要告别我心爱的马"饼干"（Cookie）了，我让妈妈照顾它，不要告诉我。我没有和它说再见，兽医来的时候，我没有陪在它的身边，没能在最后的时刻抱着它。我不想想这些。人会死，动物也会死，逝者已逝，生者如斯。我这样告诉自己。

如果说不确定性是恐惧的根源，那么死亡肯定是人生最恐怖的部分。死亡的话题和生活一样宏大，而它的实相从根本上来说是不可知的。出于这个原因，几个世纪以来，它一直是哲学、心理学和民俗学研究的对象。人类只要活着，就会一直思考这件事。事实上，对死亡和濒临死亡的恐惧有很多层次。[114] 首先，丧失生命与垂死不同。其次，害怕自己死亡或濒临死亡与害怕挚爱之人死亡或濒临死亡不同。此外，我们会担心自己以及所爱之人死后的灵魂会遇到什么。所有这些都是不确定的，而这也只触及了皮毛：比如说，你会怎么死？死于火灾？溺水？被蛇吃掉？或是在医院里安详地死去？你的身体会发生什么？尸体停放在哪儿？谁会看到它？触摸它？它将如何分解？你会去天堂还是地狱？你还能看到亲人吗？你会在地球，还是在炼狱中徘徊？如果失去了亲人，你会做何改变？脑死亡、细胞死亡、生物死亡和植物人有什么区别？你会在什么时候死？事实上，需要考虑的事情实在太多太多了。这就是为什么大多数人竭尽全力不去想。

的确，如果我们不去想，死亡就没有那么可怕。这是只有人类才会遭遇的折磨。[1] 正如厄内斯特·贝克尔（Ernest Becker）在1973年的作品《拒斥死亡》（*Denial of Death*）中所写的："恐惧在于：我们来自虚无，拥有名字，拥有自我意识和内心深处的情感，胸中极度渴求生命和自我表现——即便如此，还是要死。"[115] 那我们该怎么办呢？我们创造了文

---

[1] 据观察，动物也会对死亡感到悲伤，有些甚至会有"死亡仪式"（例如，感知到自己将要死亡时，就远离群体，独自死去）。但是只有人类，至少是就目前的发现而言，有能力对自己的死亡进行批判性的理解和理论化的总结。

化、宗教和故事，赋予生命和死亡以意义，解释世界的创造、人类的存在，以及生活美好而有意义意味着什么。我们紧紧抓住这些故事，天堂和地狱、来世、死后的灵魂、鬼和精神，这些让我们面对完全不可知的未来时有了一点安慰。文化和关系让我们有了自我意识和生活的意义，防止我们陷入人固有一死的焦虑之中——这一观点是很多理论的基础，超过400项研究检验它、支持它，这些理论被统称为恐惧管理理论（terror management theory，TMT）。[116]

不同的丧葬文化形成了个人对死亡的不同看法，这些看法可能随着时间的推移而改变——从斯堪的纳维亚半岛的维京人让死者（和献祭的活人）漂向大海，到西藏的天葬：将死者放在山顶，让秃鹫吃掉。巴厘岛有一座火葬场，灵魂将在盛大的火葬仪式中获得自由。基里巴斯有一种头骨葬，即从墓中掘出尸体，拿出头骨，将其抛光，饰以祭品，然后放到家里的架子上。丧葬仪式是社会的重要部分，它使大家聚在一起，面对死亡以及对死亡的不确定的恐惧。但是，文化一直在进步，当丧葬仪式发生变化时，我们与死亡的关系也会随之改变。

在美国，"死亡"已经发生了巨变。[117]在过去的几个世纪中，病人和将死之人住在家里，床边围着家人和朋友。有人过世后，人们为死者举行葬礼，葬礼上的种种习俗反映了他们的价值观与信仰，使人们共同酝酿并深化对于生活意义的理解。如今，病人们住在医院或疗养院，朋友和家人只能在特定时间探视。正如社会学家菲利普·梅勒（Philip Mellor）和克里斯·希林（Chris Shilling）所指出的那样，医生口中的死亡，是科学和生物医学的术语而不是纯粹的去世；有时，家人和朋友也会这样认为。[118] 好像再做一次检查，再试一种药，再做一次手术，就能躲过终将到来的死亡。即使这些尝试都失败了，我们仍然会委婉地说"输掉了最后一战"，好像不到最后一刻，就还有机会扭转乾坤。这种思维模式给生者带来了些许安慰，但并没有将人终将一死的真相和人身体的脆弱从他们的社会意识中去除。正如诺伯特·埃利亚斯（Norbert Elias）在《临终者的孤寂》（Loneliness of the Dying）所写的："从来没有哪个时代的人像现在这样，安静而整洁地死去，也从来没有哪个社会，如此鼓励独处。"[119] 事实上，埃利亚斯发现，现今社会，关系不算亲近的朋友、亲戚，即便有机会，也不太愿意去探望弥留之人。死亡从一个促进团结和相互理解的社会活动转变为安静和隐藏的现象，使我们对死亡更加不确定和惧怕。贾亚·拉奥（Jaya Rao）在《美国预防医学杂志》（American Journal of Preventive Medicine）发表了一项最新研究，研究指出，在全美国健康调查中，只有26%的受访者立了遗嘱；认为即便在极端情况下，也应想尽一切办法挽救患者生命的人数，自1990年以来翻了一番。这是在逃避日益临近的死亡。[120]

讽刺的是，在发达国家，人们的寿命更长，这种焦虑情绪也更加复杂。我们的工作地点、住处、水和食物更加安全。[121]

美国的暴力犯罪处于 40 年来的最低水平，被谋杀或抢劫的几率还不到 20 世纪 90 年代初期的一半。美国人的平均寿命在百年里翻了一番。过去的 40 年中，婴儿死亡率从 1000 个活产婴儿死亡 26 人降至不到 7 人。通过接种疫苗，一些重大疾病，如小儿麻痹症和天花已得到控制。手术和药物的进步，使从前患有不治之症的人能够健康地生活。新技术解释了身体的奥秘。我们可以看到身体内部，可以更换骨头、器官，甚至是在实验室合成一个新的。

奇怪的是，所有这些成功，使得人们更加担心死亡，这种情况不单单出现在美国。一项加拿大的研究发现，人们知道自己的寿命越长，就越害怕早逝。[122] 研究也表明，人们的预期寿命比实际短，女性的预期寿命比实际少了 11 年。受试者也错误地认为，和统计的平均情况相比，他们会更痛苦、更诡异地死去。这是因为死亡离我们的日常生活很远，只在突发意外或有人惨死时才会被注意到——这反过来会让我们产生悲剧经常发生的错觉。

从广义上讲，我们的期待已经发生了变化。如今，我们不仅要看起来年轻漂亮，迷人又有活力，我们还希望永生。但是我们消除的威胁越多，剩下的就越恐怖；越看重年轻貌美，就越难面对死亡。[123]

我逃避死亡的策略看似很管用。又有家人过世了，又有宠物长眠不醒，甚至有一个朋友想要自杀。当我对他们感到

第六章 人终有一死

同情时，内心出现了一个巨大的黑洞，大多数人用与死亡相关的焦虑、恐惧和悲伤将其填满。14岁时，我乘坐的尼桑蓝鸟开进了沟里，车子从山上滚下，车门突然弹开，我在日记中写道："我们在拐弯处翻车了，车子滚进了沟里，停下了。我想如果我们能把车开出去，就不用跟任何人说了，但后来车顶塌了，门被卡住了……说实话，我觉得这很有意思。很奇怪吧？"

在某种程度上，我一直都知道这不健康。我需要在情感上理解死亡，而不仅仅是出于人道主义——当然，这也是一个重要的目标。如果我不能真正地理解死亡，又怎么能成为一名恐惧专家呢？我怎么在遍布连环杀手、僵尸和鬼怪的鬼屋中工作？但是我的本能强烈地想要逃避。殡仪馆、墓地、战争纪念馆，这些供生者吊唁的地方，我都无法面对。我必须去一个不能逃离的地方，在那里，死亡是最重要的问题，将迫使我接受任何可能出现的感受。我想去这样一个地方，在那里死者"重生"，在那里人们不仅要面对死亡，而且能找到死亡。

我知道有且只有一个这样完美的地方，它离我曾经工作生活的地方有数千英里：青木原树海（the Aokigahara Jukai Forest）。[124]它坐落在日本富士山脚下，是一片郁郁葱葱的绿色丛林，以美丽和寂静闻名。14平方英里的面积，让人很容易迷路。事实上，当地的企业主和居民都会特别注意那些停了整夜的汽车。继金门大桥之后，青木原是世界第二大自杀地，在当地和国际上被称为自杀森林。[1]

青木原是生死之间的空间，人们在这个寂静的地方消失。我曾经去过其他类似的地方，比如墓地或鬼屋，当然还有一些危险的地方。但那里有些许不同；在那里，你不会害怕死亡，你可以选择死亡。要想理解死亡，要想带着显然是死亡所要求的专注和尊重去理解死亡，要想打破我为思考死亡而设置的障碍，我必须去那里。

我的朋友们都吓傻了，种种原因让他们确信我会死在那里。灵修的朋友们担心我会被森林里的负能量淹没，从而结束生命。热衷超自然的朋友们相信鬼魂、灵魂或某种森林生物会杀了我。学术界的同事们担心我会迷路，死于暴晒，或者因为试图向其他游客寻求帮助，最终被谋杀或者绑架。当然，还有些人认为我要去那儿自杀。我是唯一一个一点也不担心的人，这才是问题所在，因为我知道自杀森林是个谎言，而这正是我去那儿的原因。

进入森林本身就是一种冒险。去自杀森林参观使不太复杂的旅行计划看上去有些超现实，甚至是黑色幽默。那天是参观的最佳日期吗？要吃过早餐后去吗？前一天，我在富士急游乐园，坐着过山车，尖叫到头疼。我想到开一条森林与

---

[1] 每年在这片森林中发现大约100具尸体，但自杀成功的人数难以确定。2010年，有247人企图在森林中自杀，从那以后，政府停止发布官方数字，担心人们会对此地更感兴趣。

游乐园之间的公交线路,叫作"刺激—治疗"环线。我立即对这样一个冷漠的想法感到内疚,我还停留在昨天的尖叫和大笑中,身心愉悦,飘飘欲仙。这是不是让我有点可笑?这是不道德的吗?我不知道,这让我下定决心继续旅程。

我倒了几次火车和公交车,不禁开始揣测周围乘客的目的。这辆车上有人去自杀吗?但是每次换乘,乘客数量都会减少。事实上,坐最后一辆公交车时,我是唯一一名换乘乘客。上车时,我感觉到一群年轻女孩正在背后看我,然后意识到我才是引人注意的。我展示了所有不好的苗头——一个陌生人、独自旅行、没穿戴徒步旅行装备、整个旅程都默默地坐着。

我坐下来,试图让车上为数不多的乘客觉得我是个快乐的游客。我不希望任何人觉得我要去自杀,或者同样令人不安地,去捡遗物。这是青木原另一个令人担忧的现实:人们知道这里是热门的自杀地,就进入森林寻找死者的贵重物品。更糟糕的是,有些人去寻找那些可怕的纪念品,比如骨头、绞索。还有人拍摄寻找"真正的"自杀者的影片,通常这些影片会受到高度追捧,非常赚钱。

这听起来可能有些奇怪,也确实令人震惊,但有人对死亡的真实图像和死者的遗物感兴趣。有这样几个合理的解释:一个是第三章中讨论的动态的吸引/排斥。但研究人员菲利普·梅勒和克里斯·希林认为,真正的死亡已远离我们的日常生活,所以我们寻找与死亡相关的地点和图像,使不可知变得可知,这让我们感到安全、可控。正如苏珊·桑塔格(Susan Sontag)在其著作《关于他人的痛苦》(Regarding the Pain of Others)中的名言:"免受灾难的感觉刺激了观看痛苦画面的兴趣……而看着它们也强化了这种豁免感。"[125] 这似乎违反了直觉:我们每天淹没在悲剧和可怕的死亡中,电影、电子游戏和电视上的死亡已经让人习惯,甚至麻木了。但是,远距离被动地或者象征性地接触死亡,与在现实中直面并不一样。

我在农场长大,那里死亡无处不在。我很快就意识到,像大多数事情一样,死亡和电影中的并不一样。从谷仓里那些经常把挖去内脏的老鼠和鸟留在马厩的猫,到被宰杀后吊在干草棚里,身体剖开,下面的桶里装了满满一桶血的鹿(这真是一个有趣的惊喜),全都与电影中的不同。但是大多数人不知道尸体是什么味道,不知道它们放置一天或一周后的样子。大多数美国人看到的尸体来自绘画作品,或是保存好的,通常都化了妆,像我的外婆一样。因此,和100年前的同龄人相比,尽管如今的青少年可能在屏幕上看到更多的死亡或残缺的尸体,但他们从未屠杀过动物,感觉过手上的血迹,看过它们死去时的眼神。并不是说我们需要做或应该做这些,也不是说我们应该让他人做这些,而是,它能解释我们面对真正的死亡时遇到的问题。根据对所谓"黑暗旅游"的研究,人们浏览死亡网站,是想对死亡有更深入的了解。[126] 但据我所知,我们不需要通过感受手上真实的血液,或者待在有尸体的房间去了解死亡,我们只是需要勇敢地面对死亡。

第六章 人终有一死

我意识到,这正是我在做的——去死者还"活着"的地方更好地理解死亡。然而,带着各种情绪去青木原——比如,悲痛、恐惧,或者对失去的人的深爱,和利用悲剧获取钱财——不管是通过捡死者遗物还是记录他人生命中最低落、最私密的时刻,完全不同。我不想遇到死去的人,如果遇到了,我不会拍照,不会收集或分享任何信息。我去那里是要直面自己的恐惧,加深对于死亡的理解。我不需要打扰其他任何人。

最后,我独自坐在公共汽车上,望着富士山上明媚的阳光,这时一个可怕的想法浮现在我的脑海。如果我遇到了一个想要自杀的人,或者更糟糕的,正在自杀的人,怎么办?对我而言,这比发现尸体,甚至是自我了断更可怕。如果我救不了他呢?我不会说日语,那儿也没有手机信号。我脑中冒出各种可怕的画面:疯狂地想要解开死结、试着抬起一个非常胖的人。如果不能止血怎么办?如果不能及时找到救援怎么办?我在脑海中回放了美国心脏协会(American Heart Association)的胸外按压心肺复苏术(hands-only CPR):按照《活着》(Staying Alive)的节奏快速按压(多么合适)。我的呼吸自然而然地变成了这首歌的节奏,并第一次为进入森林而感到紧张。任何病态或黑色幽默都被真正的担心取代:我可以处理找到的尸体,但不知道如何应对要自杀的人。这次我不能无视死亡,或者逃跑,想到这,我开始焦虑。我的情绪似乎在起作用,我第一次觉得这可能不是个好主意。

我在一个小小的车站下了车,独自站在路的一边,富士山隐约可见。这似乎不是个真实的地方,辽阔、苍翠又宁静。富士山实际上是三座彼此叠置的火山,所以森林的地上大多是密度较高的黑色火山岩,这种岩石迫使树木扭曲树根,扎进一切缝隙,寻找固定点。一切都覆盖着一层露水,阳光穿过树林,光线从闪亮的岩石上反射回来,地上布满了深绿色的青苔、鲜绿的蕨类植物和灌木丛。森林充满了色彩和活力,真是一个神秘的地方。我甚至还没有走进去,就已经知道为什么有人说这里是一个完美的死亡地点。

这正是日本作家鹤见济(Wataru Tsurumi)在1993年的畅销书《自杀完全手册》(Complete Manual of Suicide)中所写的。[127] 松本清张(Seicho Matsumoto)1960年的小说《黑色树海》(Kuroi Jukai),以两对恋人在这里自杀而告终。[128] 人们指责这两本书,认为它们将这片森林变成了日本的自杀圣地。青木原里面的尸体旁,经常能看到这两本书。但在书籍出版之前,这片森林就开始吸引自杀者了。日本神话把它描绘成一个充满神秘生物的地方,与灵界关系密切;事实上,许多宗教团体和邪教组织将此处作为他们的根据地,[1] 而这些甚至

---

[1] 1995年发动东京地铁沙林毒气事件的邪教/恐怖组织——奥姆真理教(Aum Shinrikyo)的总部就位于富士山脚下,那里存放着他们的化学武器和枪支。在那儿,他们还谋杀了一个成功逃脱的成员的兄弟。

还不是森林里最不堪入目的历史；19 世纪，它成为一个名为"遗弃父母"（ubasute）活动的执行地，活动中，将老的弱者独自来到树林中，自生自灭。[129] 据说，这片森林也是地狱的七大门之一。有些自杀者，不想死在家里，让亲人们饱受厉鬼的折磨，于是冒险走进森林。他们的灵魂在这里游荡，并折磨踏入森林的人。

我环顾四周，想要搞清楚自己在哪儿。我向一条小路的出口走去，计划从那里是离开小路，进行（安全）探索。有资料显示现在增加了很多手段来监控森林里的情况：日常巡逻，在入口处安装监控摄像机——但我还没有看到任何一个人，也没有留意到任何一台监控摄像机。不过有个指示牌让我的心跳漏了一拍，上面写着"想想你的孩子、你的家人"和"别自己扛着。请寻求咨询"。这些文字是用日语写的，但我知道它们的意思。这些标志是一个曾前往森林的自杀者制作的，后来他走了出去，并开始宣传预防自杀活动。我一直在想要是我来这里找人，我会怎么做。我很紧张，大脑里出现了一个个可能的场景。

自杀并不意味着不害怕死亡。然而，了解自杀的原因的确会让我们知道很多社会与生死之间的关系。在大部分人信仰基督教的美国，自杀是一种罪孽，死后会在地狱中，受到不灭之火的炙烤。即便对于不信教的人来说，自杀也是一种禁忌，是最懦弱、最自私的行为，给家人带来了耻辱。当然，自杀是违反教义的。这些似乎有些效果——许多美国人，即使已经绝望，依然选择继续生活。不过也有人自杀。2013年的世界自杀调查中，美国排名第30位，每10万人中有12.6人因自杀而死亡。[130] 美国的排名比英国、爱尔兰、德国和加拿大高，但远低于日本，日本是每10万人中有21.4人，每天约70人自杀身亡，其中71%是男性。日本最常见的自杀原因是：财务负担重、抑郁和爱情受挫，这与其他地方的自杀原因相似。那么是什么让日本人更容易自杀呢？

日本有点自相矛盾。与其他17个相似的发达国家相比，日本的死亡率和暴力程度最低（美国的这两项均为最高）。[131] 然而，即使自杀对大多数日本人来说是一种禁忌，日本仍在自杀率最高的前十个国家之列。部分是历史原因，曾经，在特定的情况下，自杀在日本被视为一种荣耀，比如为了避免被俘而自杀（像是日本武士的剖腹自尽），战争中的自杀式攻击［像是神风特工队（kamikaze pilots）］，或者为了不让家人蒙羞而自然。虽然不像曾经那么普遍，但这种情绪今天在日本仍然存在。例如，2007年，一位因不法行为而接受调查的政府官员自杀身亡，东京市长对此的公开回应中，称其为真正的武士。[132] 2014年，知名医生笹井芳树（Yoshiki Sasai）在涉及干细胞研究的丑闻中上吊自杀，并在遗书中承认他对整个研究小组负有重大责任。[133]

日本文化比美国更强调集体主义；日本人非常重视责任

感,与个人相比,社区和家庭的需求和意见要重要得多。[134] 少数自杀的人认为这是为他们的家人做的正确的事情。[1] 此外,与抑郁和自杀相关的许多情绪,比如脆弱、软弱和忧郁,最近才被看作是问题,是需要帮助的信号。[2]

但日本的情况正在发生转变。[135] 2007 年有 33093 人自杀身亡,政府终于采取行动,发誓在 10 年内将自杀率降低 20%。他们进行媒体宣传,设置预防自杀热线,在地铁中安装蓝灯[3]。这些措施很有成效,自 2009 年以来,自杀人数一直在下降(2013 年为 27283 人),但自杀仍然是 20 岁至 44 岁男性死亡的首要原因。[4]

---

[1] 成功的压力和家庭支持可以转化为失败时极度的负罪感和自我厌恶。日本的上班族(或职业女性)的工作时间更长,工作内容更难,严重影响了身体健康,但人们对那些在沮丧和过度劳累时需要帮助的人,容忍度或接受度很低。这与财务焦虑一起,被认为是男性自杀的主要原因。研究中自杀与增加的财务负担之间的相关性也证实了这一观点;事实上,青木原里面的自杀救助电话就是债务顾问的电话。
[2] 然而,在日本,向专业人士寻求心理治疗仍然会受到羞辱。在制药公司明治制果(Meiji Seika Kaisha)于 1999 年推出抗抑郁药之前,日本甚至都没有描述轻度临床抑郁症的词汇。由于缺乏需求,20 世纪 80 年代,美国礼来公司(Eli Lily)停止了抗抑郁药物在日本的销售,但随着"kokoro no kaze"(意思是"心灵感冒")这一诊断的出现,轻度抑郁变成了"真实"的、可以用药物治疗的疾病。虽然治疗时情绪会出现正常范围内的病态化,但它将需要帮助的人与治疗联系在了一起。虽然现在普遍认为抑郁症是种疾病,但对于抑郁症的社会和情感支持仍然很少。
[3] 研究人员不清楚蓝色灯光的作用机制,但认为它会对情绪产生积极影响。
[4] 有一点非常重要,即这个数据也反映了大多数日本人生活的安全性和幸福感。

我走进森林,情不自禁地停了下来。这里的景色令人叹为观止。我向路两旁望去,分不清哪儿是地面,哪儿是树——绿色的青苔爬满了树干、树根和火山岩,有些地方甚至还有积雪。它们盘根错节、相互缠绕,使地面看上去生机勃勃。然而整片空间却寂静得可怕。这是我见过的最像神秘森林的地方了,难怪它是日本最有灵性、最神圣的地方。

我又向前走了一段距离,想找个合适的地方,离开小路,深入森林。我找到了一个出口,然后找了一支长树枝,插在两块岩石之间,当作记号。话说回来,我并不是第一个想到要留下记号的人。很多自杀者将随身携带的绳子或胶带系在树上,如果自己改变主意,可以原路折返,或者帮助他人找到自己的尸体。地方政府和志愿者在搜尸过程中用了这种办法,在树上留下了很多绳子和胶带,像一张多彩的蜘蛛网。我没有看到任何绳子,只在地上看到了几片彩色的胶带。

做完记号,我向前走进了森林,然后本能地停下来环顾四周,抬起石头和木头,但没找到长大后一直寻找的林地创造物。最后,我找到了它——石头和树干恰到好处地缠绕在一起,形成了一张天然的椅子。巨大的火山岩上覆盖着苔藓,有点潮湿,是个凉爽而完美的座位,旁边有一棵树干很粗的参天大树,它交错盘杂的树根是两根舒服的扶手。它好像是专门为我准备的。我坐下来,拿出日记,思考死亡,或以我的情况去感受。

第六章 人终有一死

即使在青木原这样的地方，思考死亡也不像听起来那么简单。如果不专注，很快就会分心或退缩——这就是为什么我一开始就一路赶到这里。思考死亡需要耐心，甚至需要一些准备，对思考的结果也不要有太大期望。所以，我准备了几种不同的量表、活动和笔记来帮助我对抗。恐惧管理理论家使用了许多不同的方法迫使人们思考自己的死亡。一种有效的方法是通过与那些有濒死体验（near-death experiences, NDE）的人进行访谈而形成的，我想要采用这种方法。这种方法需要你思考四个方面：（1）想象你的死亡，具体到每个细节；（2）想象你将如何度过生命的最后一刻；（3）回顾一生；（4）想象你的死将如何影响你的家人。[136]

第一部分对我来说不是很难，事实上，我甚至还觉得挺有意思。我一直想象自己因为冲动地做了一些非常危险的事情而死于非命。比如，在行驶中的火车顶上跳跃、飞速滑下陡峭的山坡、玩滑翔伞、急速漂流、定点跳伞。我肯定会死于极限运动。最后，一个详细描绘死亡的训练，变成了列一张想要尝试的冒险清单。

但我还没有在想我自己的死亡，至少不完全是。我仿佛看到自己脑中建起了一堵墙，把死亡藏在了后面。我试图打破这堵墙。我想，自己可能会死于几种在美国死亡率最高的疾病：癌症、心脏病或中风。这就到了第二部分——如何度过生命的最后一刻，这部分更难了。按照规则，我强迫自己跳过诊断、治疗环节，直接进入命中注定的那一天，没有任何事情能阻止死亡的发生。我将如何和亲友告别？我想告诉他们什么？如果有的事忘记说了怎么办？

经过几分钟的思考后，我的眼中充满了泪水。接着，很快，我觉得自己很傻。我在干吗？为什么要穿过半个地球，坐在这个闹鬼的自杀森林里想着死亡？为了让自己难过流泪吗？世界上有很多出生在绝境中的人们，而我，走了数千英里来想象自己的死亡？这有什么好处呢？如果我去的是任何其他地方，我就会站起来，走出去，放点音乐，开启我的一天。但我现在走不了。下一班车一个小时后才到。我告诉自己，这只是另一种全新的体验，继续前进，这是一种新的尝试。

我将如何度过生命的最后一刻？我首先想到的是独自赴死，不告诉任何人。长篇大论的告别太可怕了，但这只是我的一个借口。我开始思考我会说些什么。想着想着，我突然生气了。这是个不可能完成的任务：我怎么知道我究竟会怎么度过生命的最后一刻？谁能知道？我向着压抑而安静的树林喊出这个问题，用沮丧打破了沉默。

第三部分容易一些——回顾自己的一生，我耍了个小滑头。我按照时间顺序回顾自己的一生，而不是依照情绪。这个问题实际上是为了引起人们对未竟的梦想、人生的遗憾和未能说出的感情的关注，但这些太难面对了。我很惊讶上一个问题之后我竟如此精疲力竭。尽管如此，我安慰自己道，至少我回答了这个问题，我还没有逃开。

最后，对家人的影响是最难的部分。我和我的大家族并不亲近。我甚至不知道我的 11 个表兄弟都住在哪里，谁结婚了，有几个孩子。想要记起最后一次看到他们时的场景都非常困难。我的外公外婆和舅舅过世后，家庭聚会更少了，孩子们都长大成人，搬到了其他地方。我父亲的家人……我只能说，每年去佛罗里达拜访他们带给我的恐惧，比我这些年在鬼屋行业经历的总和还要多。但是，与大家庭的疏远和烦恼，以及与大家庭成员令人烦恼的相处，使我和父母的关系更加亲近，我知道我的死会让他们崩溃。

黛布拉·巴斯（Debra Bath）在研究中发现，无论人们如何看待自己的死亡，他们都害怕失去亲人。[137] 我在自己对惊魂凶宅游客的分析中也发现了这一点，有人写道："在这个世界上，我最害怕失去我的孩子。"我记不清我妈妈说过多少次，她可以把命给我，我知道她说到做到。当我处在危险的边缘，即将做出一些愚蠢、危险又鲁莽的事情时，是这会毁了我父母的想法将我拉了回来。并不是我的恐惧控制了我的行为，是我父母的，是他们让我能够安全地活着。没有他们，我相信我会死。我们对所爱的人比对自己更好——想想这多么神奇，对整个人类来说，这说明了什么？我们生来就是在一起时更强大。

那一刻，我非常感谢父母对我坚定不移的支持和爱。我想给他们打电话，告诉他们这些。我心中充满爱意，我爱生命中的每一个人。

坐在森林里冲着空气大喊大叫，这听起来很疯狂，但对于这个任务而言，我的反应并不反常。特别是心中升起强烈的慈悲心和感恩心，是非常普遍的现象。最近有人研究反思死亡（任务内容和我所做的一样）的影响，研究发现，受试者对其他人比对自己更慷慨、更关心。[1]但是研究仅仅证实了公元前3世纪斯多葛学派的哲学思想：直面死亡对灵魂有益。思考死亡会让我们变成更好的人。在文献综述中，肯尼思·韦尔（Kenneth Vail）和同事发现："对死亡的认识使人们更加关注身体健康和能促进自身发展的目标；将积极的标准和信仰作为生活准则；与他人相互支持，鼓励和平、慈善团体的发展；做事更加开明、更加以成长为导向。"[138] 他们发现人们展示了更强的同理心、宽恕、同情、爱、创造力和宽容，主张平等，认知也更加灵活，这意味着他们能够更好地接受不同的观点。

韦尔接下来的研究表明，直面死亡能够让人们更健康地生活。它以一种微妙而给予支持的方式提醒人们，人终有一天会死去。于是人们开始锻炼、戒烟、健康饮食、使用防晒霜。正如韦尔所言："总而言之，意识到死亡可以促使人们努

---

[1] 在实验中，参与者可以参与抽奖，奖品最高是100美元，然而抽奖券的数量有限；拿走更多的抽奖券会增加自己的获奖机会，而少拿走些抽奖券则会将更多机会留给后面的参与者。在三项类似的研究中，参与者都是好胜心很强的人，反思死亡使他们减少了拿走的抽奖券的数量。这表明，经历濒死体验后，那些能够让生活变得积极的"元素"在死亡意识的影响下，可以使内在目标与外在目标重新排序。

力减少自己的不足,间接地激励人们改善自己的身体健康。"这与衰老研究的结论如出一辙。衰老研究表明,随着年龄的增长,我们开始意识到自己的时间有限,因此变得更加慷慨,更加注重维系社会关系,关注积极的事物,减少负能量。[1]但是,不必等到80岁才能意识到生命有限;濒死体验,或对死亡的简单反思就能让我们体会到这一点。

这些积极的结果为恐惧管理理论提供了非常必要的平衡,该理论侧重于讨论死亡带来的负面社会后果。139 也就是说,当人们看到那些让人联想到不可避免的死亡的图片、想法甚至地点时,会增加防御性,对外人更苛刻,死死守护自己的价值观,并和与自己有相同世界观的人抱作一团。说白了,就是严阵以待。但是,这些研究都与所问的问题紧密相关:问一个纽约人死于恐怖袭击的场景是怎样的,还是问一个姑娘临终前希望告诉她母亲什么事情?这些问题能使人们感受到非常不同的情绪,引发不同的态度和信念。

此外,我们还可以改变应对死亡或与死亡相处的办法。例如,东方的冥想练习,以及各种新的宗教、修行以及正念训练(mindfulness training)141,都能将对死亡的防御转变成

---

[1] 莫利·马克斯菲尔德(Molly Maxfield)等人发现,意识到死亡的老年人对道德失足者更宽容。具体来说,在两项研究中,青年人(年龄在17—37岁)和年长者(年龄在57—92岁之间)都被要求思考死亡或一个参照话题,然后阅读一系列犯罪材料,并对罪犯的惩罚措施提出建议。在"死亡提醒效应"的作用下,年长者对犯罪者的态度相对宽容,而青年人则更加苛刻。140

鼓励性的、使人振奋的死亡提醒，使人们建立起强大的支持关系，实践自己的准则，并始终寻求个人的成长和新的生命体验。

完成反思死亡的任务后，我开始看自己摘抄的文字，包括各种经文、哲学和诗歌作品。我快速扫过诗的部分，读了不少埃德加·爱伦·坡（Edgar Allen Poe）、艾米莉·狄金森（Emily Dickinson）的诗，甚至还有一些18世纪英格兰的"墓园派诗人"（Graveyard Poets）的作品，那时还不崇尚恐怖题材创作（哥特时代是这样的）。底部一句简短的话吸引了我的注意："记住你终有一死。"（Memento Mori）这是一句拉丁语的名言，很多东西上都印有这句话，从21世纪玛莎百货里卖的亡灵节小雕像，到中世纪的基督教艺术作品。这句话我曾经读过上百遍，但这次，我才开始认真思考。

尽管反思死亡要求我专注于自己的死亡，但我没有这样做，至少不完全是这样。我一直在思考临终的时候，而不是真的已经死了。临终是一个社会过程，涉及人、人际关系和情感处理。死亡是……死亡是什么？我只知道，在某个时候，我将从这个世界消失。

我不知道自己从什么时候开始不相信干预主义的上帝和天堂，突然想到，可能是主日学校老师告诉我《圣经》里没有怪物的时候。自打放弃信仰以来，我开始嫉妒那些有宗教信仰和精神追求的朋友，他们对信仰中所说的世界的样子充满信心和安全感。但我无法理解人们怎么能够认为他们眼中的上帝或来世是正确的。我唯一能够确定的是所有人都会死；其他的一切都是故事：也许是真实的，也许是虚假的，但都让我们感觉是那样的。每当这时，我就不再思考死亡了。但是这次我继续思考。我告诉自己，我的身体将不复存在。我的想法将会消失。我爱的人和动物，我拥有的东西都将不复存在。地球上将不再有我。

我看着我的手，死亡的想法变得阴森恐怖。我想象皮肤变干，像纸一样脱落。我想象自己浑身赤裸地躺在森林的地上，身体已经变冷了，血液变得又浓又黑，牙龈萎缩，露出尖利的牙根。我看到动物们来到我的尸体旁，大快朵颐，就像天葬中躺在山顶的尸体或是马赛族部落（Maasai tribes）中死去的人一样：野狗咀嚼我的肉，扯开我的四肢，秃鹫剜出我的眼睛，拉扯露出的肌腱。随后，臭虫、蛆虫、甲虫和那些数不清有多少条腿的昆虫分食着我身体的每一部分，吸附在我松弛的皮肤下面，穿过我的躯干。接着，苍蝇会来，它们会在我的尸体里、头骨里产卵。它们的幼虫会吃掉我的大脑，吃掉我残存的思想和记忆，吃掉我的爱、我的愿望、我的秘密。从某种角度来说，我甚至不会被吃我的动物注意到。我的身体会被遗弃。

如果这一切听起来都令人不安，那独自一人在陌生的地方想象这样的场景就更糟了。我束手无策。我紧紧抓住身旁的两个树根,盯着森林,因为我脑中黑暗的顿悟不断出现。我意识到自己对这个天然座椅的记忆,会随着我的死亡而消失。我快要无法呼吸了。

精神的墙轰然倒塌。尽管没有"压抑情感"这样的东西,但思想和生理反应之间确实存在直接的联系。我的想法不断涌现,好像从塞得过满的衣橱里不断往外掉东西一样,很多感受随之而来。所有我没有机会做的事情都浮现在我的脑海中:我没有机会看金字塔和长城,更重要的是,我没有机会与我爱的人建立更好的关系,告诉他们我没来得及说的话。我不能继续成长,成为一个更好的我。我对所有没来得及做的事和浪费的时间感到遗憾。

我蜷缩在"火山岩树"的宝座上,双手抱着膝盖。我尽情哭泣,哭了很久,比从小到大的任何一次哭泣都难过。我曾因为害怕而禁锢自己的感情,我为因此错过的所有重要时刻道歉。我放声痛哭,喘息之间,我大声地向"饼干"道歉,它去世时我不在它的身边。说完,我觉得胃里有一种剧烈的力量,好像我被卷入了身体中的黑洞。我太难过了。之前我没有注意森林里有没有其他人能听到我的声音,但那一刻我不在乎。我抱紧自己,在树林里嚎啕大哭。

对于一些濒死体验带来的创伤,每个人的处理方式也都不尽相同。适应力强的人会立即恢复,继续生活。[142]而对有些人来说，则非常痛苦，特别是那些与死亡擦肩而过的人，比如目睹过谋杀，或自己的生命曾受到威胁。他们更难使用通常的应对机制，即坚持自己的信念和价值观，以理解正在发生的事情，依靠朋友，找回自信。结果，他们的心理会受到影响，他们可能不再相信那些能保护他们的东西——世界观、信仰和朋友；他们意识到这些根本不能保护他们，他们的生活非常脆弱。正如托马斯·格瑞宁（Thomas Greening）所写的："当我们受到创伤时会发生什么？除了身体上、神经上和情绪上的创伤外，我们的生存权利、个人的价值感，甚至我们关于世界（和人们）对人类生活的基本支持的感知，都将经历一次根本的冲击。我们与存在本身的关系将轰然倒塌。"[143]因此，濒死体验的受害者可能会尽力避免想起这件事，出现闪回现象，在人际关系中退缩，无法体会情绪，对娱乐活动失去兴趣，或尝试用药物或酒精自我治疗。这些症状的总称耳熟能详：创伤后应激障碍（post-traumatic stress disorder，PTSD）。

恐惧管理理论指出，大多数人在面对自己的死亡时会变得更挑剔和严苛，但事实证明，那些PTSD患者却恰恰相反。汤姆·匹茨辛斯基（Tom Pyszczynski）对来自波兰的家庭暴力幸存者、科特迪瓦内战幸存者以及遭受过创伤的美国大学生进行了研究，发现当面对自己的死亡时，PTSD患者和伪创伤性分离者（在创伤事件期间甚至是事件发生前出现类似PTSD的症状）对不道德行为没那么苛刻，对犯罪者更为宽容，对外援等问题的态度更加积极。[144] 研究者认为这是因为他们的防御机制有问题，中断了"焦虑—缓冲功能"（anxiety-buffering functioning），匹茨辛斯基指出："他们不会通过象征性的世界观防御来转移死亡威胁，在思考死亡后，他们会表现出忧虑。"说白了，他们勇敢地面对死亡，然后感到非常伤心。

但也许这根本不是创伤，而是改进。也许那些曾经努力管理自己情绪的人现在更懂得欣赏其他人的经历和世界观。也许他们对别人更慷慨，因为他们曾因此受过伤。也许他们因为知道被人冷落的感觉是什么，所以表现出更多的同情心。也许他们因为认识到人生苦短，所以认为应该开放又慷慨，而不是充满防御和偏见。关于创伤后成长的研究支持这种观点——创伤性事件可以让人有机会自我重建，决定人生最重要的事情。这不会发生在每个人身上，有些人可能会变得麻木。[145] 不一定是愤世嫉俗，甚至也不是斗气，他们只是不在乎，或者什么也感受不到。

哭过之后，头痛接踵而至，我让自己冷静下来。我尽可能地退回到树的底部，双臂尽量抱住树根。我想要记下每一个景象和每一种感觉。整个余生，我都不想忘记这一天。

蜷缩在离家半个世界以外的宝座上，我充满了活力和爱，这爱不仅是对我的父母，而且是对万事万物（可能与眼泪中的多巴胺和脑啡肽也有关系）。我感到安全又温暖，我比以往任何时候都更加感谢生命。我闭上眼睛，看到了自己留在树林里的尸体，太阳把骨头晒成了美丽的亮白色，森林的地面把我的遗体重新吸收到泥土里，周围长满了美丽的绿草和野花。

那天我杀死了自己，只是在我的脑海中，但这提醒了我真正自杀的可能性有多大。面对我们有一天会死的事实，有助于我们欣赏生命的恩赐，以及他人的支持与爱。而认识到自己有能力自杀，有能力结束自己的生命，则让生命进入了一个全新的视野。认识到这个简单的事实将带来巨大的力量，即每一天都是我们的选择：你是活着还是去死？如果你想活下去，你为了什么活着？

我对自己的生命和身体有着强烈的掌控感，同时，我的生命和身体又体验到一种强烈的自由感。在青木原感受到的众多感觉中，这可能是最难解释的一种；它不仅仅是感激生命，或是淹没在自己对这个世界的爱中，而是一种从未体验过的掌控感。我不再随波逐流，这是我的人生。

我还是很紧张，要是出去时遇到一个想自杀的人怎么办？即便是在一番思考和反思之后，我仍然不知道要说些什么。但我意识到每个人都要与死亡建立关系，对我而言有意义的，在你看来，可能并无意义。这就是生命的美好（我还是会求助，因为抑郁症是一种严重的疾病，需要专业人士的帮助，而不是一个过度情绪化的社会学家的胡言乱语）。在那一刻，我知道我真的会在余生做自己想做的事。说得明白点，就是，这听起来可能有点自私,但它的意义远不止是放纵——它意味着获得充实。

最终,我站起身,拉开贴在腿上的湿裤子,从"火山岩树"宝座下面的地上捡起一块石头,放在口袋里,向森林轻声道:记住你终有一死。

坎德拉利亚,波哥大。佩德罗·舍克里(Pedro Szekely)摄。

第七章

误入歧途

波哥大幅员辽阔,面积 617 平方英里,人口超过 800 万(部分数据估计可能高达 1200 万)。与 1973 年的 280 万和 1999 年的 540 万相比,波哥大的人口出现了大幅增长,这很大程度上可以归因于整个社会为了逃离在农村肆虐的左翼游击队和右翼准军事组织的可怕暴力。当然,还有巴勃罗·埃斯科巴尔(Pablo Escobar)臭名昭著的麦德林卡特尔集团(Medellín cartel),它是 20 世纪最凶残、最富有的组织之一。一直到 21 世纪的头十年,波哥大都以不断的政治暴力冲突、猖獗的毒品和枪支走私而闻名。[146]

我的情绪脑和理智脑（前额叶皮层）展开了对话：情绪脑非常害怕波哥大，而理智脑决定不管怎样都要去。毕竟，我在任何地方都可能被谋杀、抢劫或扒窃，对吗？另外，我提醒情绪脑，这个国家已经有了巨大的进步；政府和游击队之间正在进行和谈（尽管有一个组织确实在 2014 年 11 月绑架了一名哥伦比亚将军），并且凶杀率已经下降到了十万分之二十九！理智脑补充道，遏制腐败、改善安全的新举措已经实施，而且效果显著——2013 年仅有 292 起绑架案。2007 年，哥伦比亚甚至成立了旅游局，在国际上成功地推广了哥伦比亚，外国游客从 2007 年的 60 万增至 2013 年的 220 万。这是一个相当不错的成绩！另外，我会和朋友们住在一起，他们是哥伦比亚政治和文化方面的专家：我的好朋友、同行、社会学家马约·阿凡瑞斯（Majo Álvarez），现在是罗萨里奥大学（Del Rosario University）的教授，她的丈夫胡安·卡洛斯·罗德里格斯·拉格（Juan Carlos Rodríguez-Raga）是洛斯安第斯大学（Los Andes University）的经济学教授，劳拉·威尔斯（Laura Wills），也是洛斯安第斯大学经济系的教授。除了他们三人，还有其他四位拥有政治学、人类学、历史学和心理学博士学位的朋友，我说服情绪脑冷静了下来。

和马约与她的丈夫胡安·卡洛斯在波哥大的第一个晚上就让我大开眼界。我以为在波哥大旅行，就像在其他大城市旅行一样（我去过纽约、罗马、伦敦、巴黎、蒂华纳等），我只需要机灵一点，眼观六路，避开可疑的陌生人，保管好贵重物品就好了。但在这儿，发生了一些令人惊讶的事情——例如，并不是所有穿警服的人都是警察，也不是所有的出租车都是真正的出租车。而且，尽管腐败现象有所减少，但仍然人心不古：真正的警察仍会索贿；汽车会碾过你；每个人都想给你假钞。街道某个街区可能会突然变得危险，而那些手持机关枪的军人——好吧，我很难说服自己他们是来保护我的。我牢牢抓住一根救命稻草，那就是随时都可以求救的：手机。

当然，后来发现这也是一个错误。当马约看到我拿着闪亮的新 iPhone 5c 走进来时，她说："哦，我也想有一部 iPhone，但是它会被偷走。你绝对不能把它拿在手里，也不能在公共场合把它拿出来。"波哥大仍然贫困，抢劫也很常见，尤其是对相对富裕的游客。所以我只好把手机藏起来，也不能在有人的地方使用。但即便如此，我的根本想法也没有改变。城市就是城市，而且我去过很多城市。我的理智脑仍然觉得情绪脑只是爱担心。

有一半以上（50%—60%）的美国人在生命的长河中会经历一场创伤性事件。[1] 147 对于大多数人来说，威胁解除后，

---

[1] 这个数字有多个版本，一些研究人员认为三分之二的人经历过创伤，还有一些则认为这个数字是 50%。这些差异是由于对创伤性事件的定义、

战斗或逃跑反应中释放的所有激素和化学物质都会在约六小时内回到正常水平。在随后的几天甚至几周内感觉抑郁、困惑、焦虑，也都是正常现象。人类是适应性极强的物种，大部分美国人最终都会恢复到正常状态。但仍有约8%的创伤幸存者无法回到正常状态，而是发展成为创伤后应激障碍。[1] 研究为什么有些人会患上创伤后应激障碍症而有些人不会（即使他们经历的创伤相同），能帮助我们深入了解恐惧状态下大脑和身体所发生的事情。我们的目标是为那些病人提供更好的干预措施，或者更进一步，阻止 PTSD 的发生。

埃默里大学的凯瑞·雷斯勒（Kerry Ressler）和同事发现那些更快从创伤中"恢复"的人，其理智脑，即前额皮质（特别是前扣带皮层），和情绪脑，也就是海马（在边缘系统中）联系得更紧密。[148] 这一点非常重要，因为人在恐惧时，理智脑输出的信息会让位给"生存"。这可能过于简单化了。想

实验样本大小和地区不同引起的。一般而言，急性创伤性事件包括经历、面对或目击死亡，或自己及他人遭受严重伤害。慢性创伤性事件是指长时间受到威胁。与男性 PTSD 患者相关的创伤性事件通常是强奸、战争、儿童期受到忽视和虐待。女性的则是强奸、性骚扰、身体攻击、武器威胁和儿童期受到虐待。

[1] PTSD 在不同人群中的发病率也有很大差异。一般人中，PTSD 的患病率约为 7.8%；女性的患病率（9.7%）高于男性（3.6%）；退伍军人的患病率明显更高。尽管统计数据不尽相同，政府估计参加战争的士兵中，约有 30% 患有 PTSD。在退伍军人中，终生受 PTSD 折磨的人数占 6%—20%，取决于部署类型和他们参与的具体战争。欲了解更多信息，请访问美国退伍军人事务部（United States Department of Veterans Affairs）国家创伤后应激障碍中心（National Center for PTSD）的网站。

象一辆赛车在没有驾驶员的情况下在赛道上驰骋,全速前进,但没有明确的目的地。但是,如果车里有位驾驶员,就可以控制汽车,告诉它在拐弯处放慢速度,在直线赛道上加速。在受到威胁的情况下,理智脑(特别是抑制杏仁核的内侧前额叶皮层)就是驾驶员,它告诉我们:"冷静下来,一切都很好,马上就过去了。"

基因也发挥着作用,特别是一个叫作 FKBP5 的基因,它参与了激素反应。[149] 雷斯勒研究了低收入城市居民(经历创伤的几率相对较高),发现 FKBP5 基因具有特定表达的人患 PTSD 的几率高于平均水平;具有另一种表达的人患 PTSD 的几率则低于平均水平。5-HTTLPR 基因控制着受到威胁时的血清素水平,它的表达也与应激敏感性有关。研究还发现,比较容易产生神经肽 Y 的人,能更好地应对压力,因为神经肽 Y 能够在危机结束时及时关闭大脑中的威胁反应模式。[150] 当然,那些拥有"高效"多巴胺和阿片系统的人会处理得更好。与 PTSD 相关的其他基因包括:脑源性神经营养因子(BDNF)、单胺氧化酶 B(MAO-B)、载脂蛋白 E(ApoE)、G 蛋白信号调节因子 2(RGS2)、γ-氨基丁酸,等等。[151] 事实上,对双胞胎的研究显示,在影响 PTSD 的各项因素中,遗传因素占比高达 40%。

生物学差异可以解释为什么目击暴力犯罪(例如校园枪击案)可以从情感和心理上彻底摧毁一个人,而另一个人却能够在一段时间内调整好,不会影响日常生活或造成长期的后果。(也有些人没有任何反应,我们会在下一章讨论)。然而,即使激素水平正常,系统高效,所有基因表达都"正确",如果没有他人的支持,我们处理创伤和日常压力的能力也是非常有限的。[152] 人们需要彼此:朋友、亲戚、家人、邻居。这些非正式的社交关系使我们在压力下感受到支持、关心和爱,比如,在一个人的世界观受到攻击的时候,朋友和周围的人告诉他,一切都没问题。个人层面和社会层面上都是如此:公民们需要知道出现危机时,有人照顾、支持他们,这意味着社会需要受人尊重和信任的警察、政府和消防官兵。安全保障失效时,危机、创伤、压力、暴力都比以往更难处理。这可能是有着漫长历史剧变的国家很难恢复繁荣的原因之一。

第三天下午,我打算骑自行车参观坎德拉里亚(La Candelaria),这是波哥大最老的城区,由西班牙殖民者于1538年建立。坎德拉里亚非常美,有很多天主教教堂,古老的彩色房子紧挨着彼此,排列在狭窄的鹅卵石街道上。这里是波哥大的市中心,许多著名的博物馆、政府大楼和大学都坐落于此。当然,这儿也是这座幅员辽阔的城市中最常闹鬼的地方了。

我和朋友劳拉打车去了她的母校,洛斯安第斯大学。我跟她说接下来我可以自己走路去旅游公司,她礼貌而坚定地问我能否记住地图和她的电话号码,以防我需要帮助,我当然记不住。从 16 岁起我就没再背过电话号码,也从来没有背过地图:现在这两项任务都交给了智能手机。"知道啦",我举着手机欢快地说。劳拉非常严肃地看着我。如果手机被偷了怎么办?没有 GPS,我能到达目的地吗?

我觉得自己很蠢。马约和胡安·卡洛斯早就警告过我,但显然我没有遵从他们的建议。我完全没有准备好。我在胳膊上匆匆写下劳拉的号码和地址,告诉自己不会有事的;我自己可以到达目的地。"现在是早上十点钟,我会没事的。"但我没有说服劳拉。她坚持陪我一起走,至少要走一半。劳拉是哥伦比亚的政治专家,经常出现在当地和全国的新闻媒体上。还有一周她就要和参加 2014 年总统选举的候选人碰面。她明确地告诉我,调整好状态,倾听,面对现实。我不想承认这一点——对我自己,对劳拉或对任何人,但是很长时间以来,我第一次感到害怕——是真的害怕。

劳拉和我一起走到通往老城的一座小山的山脚下,然后告诉我去旅游公司的路。她刚离开,我的脑中就开始上演"如果……怎么办":我随身带着护照,如果有人把它偷走了怎么办?我没带借记卡或信用卡,因为我读过绑匪强迫被害者把银行账户里的钱全部取出来的新闻。但是如果抢劫者不相信我没有带卡呢?如果他逼我带他去拿卡呢——去马约和胡安·卡洛斯家吗,家里还有个刚出生的男婴?如果我穿的衣服太花哨呢?如果有人觉得我的太阳镜是真货怎么办?

我到旅游公司的时候,已经把鬼、灵魂和超自然全都抛到了脑后。我没有注意到身边美丽的历史建筑和有400年历史的教堂,我径直向前走,挺胸抬头,目视前方,摆出一副"不要惹我"的表情。然后,就像在加拿大国家电视塔电梯里出现闪回一样,一幅图像进入了我的脑海,一个很久没有出现过的图像。

我在一个中产阶级聚居的郊区长大,那里没有人锁门。但是长大后,有八年的时间,我住在犯罪率很高的贫困社区里。[1]作为一名研究生,我只住得起那种地方。在这八年里,我搬了两次家,车胎被扎了五次,最后就在家门口报废了;一直都有人向我扔石块,把垃圾堆在我房子旁边的人行道上;我经常受到各种口头骚扰,不分性别、年龄、种族、民族;至少遇到过三次入室抢劫(一位前男友所有的工具都被偷了,之后不得不把它们都"买回来"),给警察打电话更是家常便饭;住在三楼并为我修理房屋的男人被子弹击中头部(虽然不是在家里);在两个家里,我种的花都被踩坏了,挡土墙也被砸坏了,砖块都扔到了街上,有的扔在了我的房子上;一颗子弹打碎了我室友的汽车挡风玻璃。即使每一个拒绝来我家的人都觉得我很丢人,我仍在后院修建围栏,安装报警器和监控机,待在那里。最后,我的家变成了一座堡垒。但令人惊讶的是,最终让我崩溃的不是针对我的暴力,而是他人

---

[1] 贫穷与暴力之间的关系不是本书的重点,想要了解,可以查看耶鲁大学社会学家伊莱·贾安德森(Elijah Anderson)写的任何作品。

之间的暴力。

2013年夏末的一个晚上，我像往常一样，给警察打了电话，我住了六年的房子外有人打架，需要他们过来制止。接着，我像往常一样躲在百叶窗后面，和在惊魂凶宅里一样，但遇到的情况完全相反。我看着车灯大开的警车开过，街道回归平静，然后我像往常一样，带着沮丧和焦虑，上床睡觉。

第二天下午四点左右，我下班回家，路中间至少有20个孩子，互相尖叫。显然这是前一天晚上斗殴的第二轮。那年年初，距离我家三个街区的街上进行了一次为期两天的街头斗殴，约70名大人和小孩粗暴地相互殴打，最后以多人被捕和多人受伤（包括青少年和成年人）收场。[153] 这件事的影响持续了好几个星期，我担心同样的事情会发生在我家门口。

我把车停到路边，正当我准备打电话报警的时候，看到了一个永生难忘的场景：一个不超过15岁的小女孩，穿着有粉红色花朵的牛仔裤，头上别着黄色的发夹，将另一个小女孩的头砸向人行道。我开着车窗，听见她的脸在水泥路上撞击的声音，那种声音让人反胃，是一种无声的按压。然后，戴黄色发夹的女孩试图拉她穿的橙色背心的带子，想把她拉起来，但是带子承受不了她的体重，折断了。两个女孩都摔到了地上，她们继续相互殴打。之后，整幅画面变得模糊不清：孩子们相互压着，用脚踢着，用拳头打着，尖叫着。

和死亡一样，真正的打架和电影或电视中看到的完全不同。动作并不优美；拳头不会垂直地打下来；身体以非常不自然的方式移动和坠落，四肢扭曲，脖子弯成90度角。但最突出的不同在于表情。痛苦、恐惧和愤怒以真实、本能的方式扭曲着人们的面孔。之前提到过，我们从出生开始学习如何识别面部表情。那天我坐在车里，看到和感受到的只有恐惧。后来我大哭起来，尖叫着"求求你，告诉他们快点来"，我不敢从车里走出来，感觉虚弱无力。

我的心跳加速，不断流汗，擦眼泪时发现手在颤抖。然而，转过头，看到的景象让我产生了另一种完全不同的情绪。周围的门廊和人行道上，站着父母、大人和其他孩子，他们不像我一样害怕得发抖，他们在笑、在录像。我立刻停止了哭泣，我的恐惧变成了愤怒，我感到胸中有一股强烈的怒火。

就在这时，三辆巡逻车赶到，大家都跑了。

我知道我接下来做的事很蠢。因为报警，我在那个街区一直受到报复。但是，我的身体一直处在战斗反应而不是逃跑反应。我好像脱离了身体，我看着自己下了车，跑到警察身边，尖叫道："我看到了，这个街区里的每个人都看到了，他们刚才都跑到里面去了！"我转过身，朝着房子大喊："这是错的！我们为什么要容忍？你们应该感到羞耻！出来，阻止这些！他们都是孩子！"警察问我还好吗，我尖叫着对他们说："不好，我很不好。"

我走回家，试着让自己冷静下来，但又一次失控痛哭。这不仅是因为困惑和伤心，这样的暴力场景竟成了我生命中最可怕的事情之一，还因为身边的人觉得我很搞笑，他们把焦点对准了我和我家（进家门时冲着我嚷嚷的人们证实了这一点）。像之前的很多次一样，我不知道怎样更安全，是留在家里还是出门。如果我出去了，我的家就会遭到破坏或抢劫，我走去开车的途中，可能会遭到袭击。如果我留在家里，不会有人袭击我，但他们仍然可以进来。我太难堪了，不想打电话给任何人，不想让他们或他们的财物受到危险。我害怕得不敢动弹；整晚不敢睡觉，偷偷地从窗户那里向外看。一辆巡逻车停在角落，但它不会一直停在那儿。总有一天，我得出门，去工作，去买东西，继续生活。

第二天早上，我逼着自己走出门，来到车上，我还有什么其他的选择吗？但我的心很累，我厌倦了每天晚上焦虑地入睡，第二天在惊恐中醒来，把自己囚禁在家中。不到两个月后，我搬家了。最后一个晚上，我裹着毯子睡在客厅的地板上（最后的合同签署之前，我不敢让房子空着），半夜醒了两次，每次都是因为链锁发出叮叮当当的声音，然后是用力的撞击，有人想要闯入停在门口的搬家货车。我心跳加快，胸口发紧。我告诉自己这是最后一次伴着恐惧睡觉了。

到了旅游公司以后，我做了自我介绍，从导游那儿拿了一张地图，然后去挑自行车。我把手放在自行车座椅上，估计高度，低下头却发现手中的纸质地图在抖。

我觉得可笑又难为情。我不应该害怕的。现在没有任何威胁，只是脑中有一个从前经历过的暴力场景。我需要让情绪脑和理智脑再谈谈。不，2006年以后我就没再骑过自行车了（至少没有骑过真正的自行车）。是的，我害怕骑车穿过波哥大喧嚣的街道，这里的车道、红绿灯、停车标志和单行道都只是"建议"。是的，这个区街头犯罪率很高，所以理所应当的，需要提高警惕。但有整个团队和一名导游陪着，我很安全。身体没有必要进入全面的威胁反应模式。我告诉自己要振作起来：你是玛姬！你测试身体的极限，让自己找到新的方向！现在，骑上那辆自行车！

但我做不到。

一旦我决定做什么事，我从来没有退缩过。几个月来，我去过废弃的监狱、自杀森林，从数千英尺的地方坠落，我从未想过自己会因为要在一座古老的城市里骑自行车寻鬼而退缩。我的大脑还没有反应过来，嘴巴就已经告诉导游，我不舒服，很抱歉浪费了他的时间，然后走了出去。边缘系统彻底击败了执行功能。我刚才应该是在用鸟的大脑思考。

我恍惚地往街的反方向走，不知道要去哪里。责备自己的话不断浮现在脑海中。我在干吗？我刚才的决定既不理性，也不明智；我把一次安全的、有导游带领的游览，变成了自己漫无目的地在街上游荡。我大概知道刚才劳拉和我是从哪儿走过来的，但狭窄的鹅卵石街道看上去都差不多，我不记得应该沿着哪条路走，只好继续走，把一只脚放在另一只脚前面，目视前方，虽然什么也没有看清。

临街的店铺慢慢变成了住宅，建筑变得更加破旧，涂鸦

第七章　误入歧途

更多了，涂满了整面墙壁。我迷路了，而且越来越紧张。可以想象到的所有的糟糕场景依次在我的脑海中上演——不适合在百老汇上演的独幕剧:《绑架女孩！》《受害者玛姬！》《只知道走路的白痴！》。我做的事情跟每一部少年恐怖电影中都会出现的情节"跑上楼而不是跑出门"差不多。我路过一排接待学生背包客的小旅馆时——在拉坎德拉里亚，这种旅馆遍地都是，想到了几年前一个美国人和她的朋友遇到的暴力抢劫和性侵。[154] 于是我脑海中又上演了《旅馆特别篇》。

我只想去个安全的地方，在那儿我可以坐下来，看看GPS，做个去附近博物馆的计划。每路过一条街，我都看看有没有咖啡馆，但莫名其妙地，我越来越深入老城区，很快，身边就都是成排的房子了。我抬头，希望能找到可以定位的标志，但建筑物上面没有。我困在迷宫里，墙壁好像正在收紧。

我在成排的房子中看到了一个开口，便朝着它走去，希望穿过去能到达公园或是教堂墓地，能到一个安全的地方，我可以坐下来，整理心情。我进入到开口中，兴奋地发现里面是一个庭院，然而我的兴奋很快就会变为纯粹的恐惧。

我只在暴力街区住了八年，然而当我搬到一个安全的街区后，我意识到它对我的幸福造成了巨大的影响。即使没有事故发生，生活在持续恐惧的状态（无论是因为身在暴力社区、作战区还是因为在家中被虐待）中，也会消耗大量精力。[155]在那种状态中，身体总是处于高度警惕的"准备逃跑"模式，这种模式在身体、情绪和认知上都让人疲惫。你需要持续处理过量的皮质醇和肾上腺素，而这会破坏身体的其他系统。具体影响包括：免疫系统功能减弱，消化系统出现问题（如溃疡和肠易激综合征）、生育能力减弱、心脏出现问题、体重增加、睡眠不好、易感疲劳、记忆力变差（海马缩小）、认知加工过程变慢、注意力不集中、压抑冲动和抑郁。那时，我有以上症状中的九种，频繁地看医生，我和医生却从没将这些症状与家庭生活联系到一起。搬家后，我精力更充沛，感觉更好、更快乐、更兴奋。我为那些没能离开的人而感到惋惜。任何人都可以在持续的"高度警戒"模式下生活或工作，这个事实证明了我们有多强大。

很多生活在贫困和暴力社区的人都面临着慢性压力和恐惧。事实上，埃默里大学的凯瑞·雷斯勒最近的一项研究发现，生活在亚特兰大某些暴力地区的居民 PTSD 的患病率高于退伍军人。[156] 在亚特兰大格拉迪纪念医院（Grady Memorial Hospital）的随机采访中，雷斯勒发现，67％的受访者遭受过暴力袭击，33％的受访者曾被性侵，半数的人有亲友被谋杀。根据雷斯勒的评估，32％的受访者符合 PTSD 的诊断标准，而普通人中，PTSD 的患病率为8％，经历过21世纪战争的退伍军人中，PTSD 的患病率为11％—20％。这些人蒙受了双重不幸：不仅经历了创伤，而且很难恢复。

暴力社区 PTSD 的发病率较高，并不是因为所有拥有不幸生理基因的人都出现在了同一个危险的地方——我们所处的环境塑造了大脑。匹兹堡大学精神病学系的教授朱迪·卡梅隆（Judy Cameron）认为，一个人对压力的敏感度是基因与早期的生活经历之间相互作用的结果。[157] 为了解释这种复杂的关系，她用了一个简单但完美的比喻：一本食谱。基因就像是我们从父母那里继承的食谱——我们被这本书的内容（DNA）束缚住了。但这并不意味着没有个人创造力和外部影响力的发挥空间。你的食谱里可能既有丰盛的炖菜又有重口的沙拉，但你可能更愿意在寒冷的冬夜做炖菜。基因表达也是如此，不同的环境（包括物理环境和社会环境）会影响基因的表达方式——我们称之为表观遗传（epigenetics）。然而，环境的影响有一只很长的手臂，基因的表达可以代代相传。这种表观遗传是一个重要的发现。科学家们曾认为，胚胎的表现基因组被清除了表观遗传标记，并得以重建（以食谱书为例，这就像是扔掉你母亲最喜欢的食谱清单，建立自己的食谱）。但事实并非如此：一些表观遗传标记一代代传递了下去。在有毒的水或土壤、吸烟、药物和酒精滥用等负面环境极大影响我们基因表达的背景下，这相当令人生畏。我们愿意认为自己生来清白，但我们确实承担着家族遗传的负重和裨益。

从诞生的那一刻起，环境从各个层面影响着我们，将遗传和环境分开是没有意义的。我们的身体和环境相互反馈、适应，循环往复，它们共同决定了我们是谁。而我们并不完全受制于童年时期构建的大脑，我们有自由意志，可以做出选择，改变自己。只要记住，有些人必须更加努力，克服天生的和后天的障碍，才能做到这点。

　　石墙围着一个小院，院里有几把长椅，四周有成排的房屋，可能还有几家商店，门口都搭着低矮的遮阳篷。没有一个小街区大。有一点很清楚：这不是游客该来的地方。走进院子时，我感觉每个人都停下了手上的活儿，转过了头，形成了一种令人毛骨悚然的沉默。我感到一阵慌乱，和在东方州立监狱走出囚区时的感觉一样，只不过现在旁边没有艾米，没有人告诉我会好起来的。我浑身都在颤抖，心脏在胸腔里怦怦跳，并开始耳鸣。我正想转身，原路返回，余光中看到两个男人走到了开口处。这是巧合，还是他们要阻止我？我尽可能不动声色地扫视墙壁和建筑，希望能找到另一个出口。在没有目光接触的情况下，我看到男男女女，或坐或站，还有不少人躺在遮阳篷下面的地上。最后，我找到了另一个出口，在对角线的另一端。

　　我不敢动。每个人都盯着我。在走动的 30 分钟里，我已经看到几个人露出了令人不安的神情。我不像很多其他游客那样，背着超大的背包，穿着网球鞋，但可能那么打扮会更好；当地人知道对游客应该期待些什么。我看起来像什么？一个穿着牛仔裤和靴子的女人，沿着奇怪的路线走，大汗淋漓。

　　我能感受到每个人眼中的力量和强度，这让人崩溃。我担心如果走得太快，或者走错了方向，我会受到猛烈的攻击。

但我知道我必须离开这个地方，就像不能一直躲在房子里一样。我想用某种方式与他们沟通，告诉他们我没有恶意。我强迫自己摆出了个傻傻的笑容，然后耸了耸肩，就像在"愚蠢的我"（silly me）中一样，随意地指向远处的出口。"啊哦，"我希望这样说。"抱歉打扰您。我自己出去。"走向出口时，我努力让自己的脚步显得镇静。我知道有两个男人在我身后。

我的身体本能地支撑着自己。

治疗创伤患者，没有什么"普适疗法"。每个人都有自己的恢复过程。但研究发现了几种有效而且有前景的干预措施，可以帮助人们驾驭恐惧的黑暗面。有药物干预，即使用选择性5-羟色胺再摄取抑制剂（selective serotonin reuptake inhibitors, SSRIs）[1]，158 还有迷走神经刺激和经颅磁刺激、认知行为疗法、心理治疗、替代疗法和精神辅导。以及我最喜欢的，也是最近最有趣的干预措施：删除所有创伤性记忆。

大多数人都有想忘记的记忆，或者至少是去除与此相关的所有意义和情感，使它与记忆中其他不起眼的信息融合。这听起来有点像电影《美丽心灵的永恒阳光》（Eternal

---

[1] SSRIs 没有向大脑添加新的 5-羟色胺，只是通过阻断转运蛋白和阻止再吸收使已有的 5-羟色胺更加有效。这使得 5-羟色胺能够帮助大脑的其他部分更有效地发挥作用。SSRIs 是世界上用量最大的处方药，用于治疗恐惧症、抑郁症、焦虑症、创伤后应激障碍、经前综合征（PMS），有时甚至作为患者进行长期治疗时的预防药物。

Sunshine of the Spotless Mind)中的情节,但现在一些新的干预措施能够帮助我们完成这项壮举。

创伤记忆的问题不在于事件本身,而在于记忆所引发的情绪,这让我们每次回忆都仿佛再次经历了创伤,就像我在拉坎德拉里亚经历的那样。从生存的角度来看,大脑的这项能力相当重要:我们不想忘记那只巨大的鳄鱼有多可怕。但在"创伤"的情况中,它可能导致恐惧泛化,因为类似的刺激或环境会引起回忆和威胁反应,像可怜的小阿尔伯特,产生强烈的闪回和创伤后应激障碍。[1]那么,我们如何能够留下记忆,扔掉痛苦呢?

记忆不像数字相册一样保存完好,可以随时打开查看。每次搜索记忆时,记忆都会进行重建。这更像是走进厨房,做一道喜欢的菜:所需的材料都基本相同,但每次的味道都有点不同。我们的记忆过程,是挑选文字和图像、想法和感受的过程,这些内容相加之后,在大脑中重现。每次回忆都是在上一次的基础上进行重建,因此记忆是一个活跃而持续的过程。

科学家称之为记忆再巩固理论(memory reconsolidation theory),认为它更加精确地还原了大脑的真实运作方式:我们将经历的事实和事件进行编码,储存在大脑中,直到将其激活,使其巩固为记忆,然后再编码。[159] 下次你再讲述这个

---

[1] 即使那些没有创伤后应激障碍的人也可能在创伤的刺激下,经历强烈的情感再现,例如大规模射击事件的目击者在听到一声巨响时会感到恐慌。

故事时，记起的是记忆的最后一个版本，而不是"原始版本"。例如，如今提起被困在退伍军人医院的电梯里，我立刻想到的是在加拿大国家电视塔上的行走，以及东方州立监狱里的惩罚牢房。说实话，现在来看，这段经历已经没那么糟糕了，因为它与激动人心的新体验和个人成长有关。

记忆是一个活跃的过程，这意味着可以在其中引入操纵和干预。想到早期的记忆多年来可能已经改变过很多次了，这着实令人不安。但这也为那些在创伤中挣扎的人带来了一线希望。

再巩固干预的目标不是改变事件的事实或内容，而是通过精心的治疗辅导，甚至是使用药物来破坏情绪编码的过程。例如，艾米丽·霍尔姆斯（Emily Holmes）发现，看了一些令人不安而痛苦的材料后，如果在六个小时内玩重复性的、吸引力强的游戏，比如俄罗斯方块（Tetris），会降低记忆的显著性（或情绪的"重量"），减少侵入性回忆的发生和记忆不自觉的涌现。[160] 这是因为大脑中负责情绪编码的部分太忙了，忙着找到"Z"形方块的摆放位置。造成创伤的事件仍然储存在大脑中，但是图像和强烈的感受被游戏稀释了。霍尔姆斯的研究令人振奋，尤其是那些经历严重闪回的人，因为这证明了在危险发生后立即采取干预措施是可行的。我们很快就能看到俄罗斯方块游戏出现在创伤患者的紧急处方中。

也可以选择药物治疗，即使用 β 受体阻滞剂普萘洛尔（propranolol），它可以破坏再巩固过程，切断激烈的情绪与记忆之间的联系。[161] 对 PTSD 老兵的大量研究证实了这种方法的有效性。然而，不是每个人都认可这种方法，有人认为这种情绪操控不完全符合道德准则。美国生物伦理总统委员会（President's Council on Bioethics）发表声明，警告说这种操纵行为会破坏人的自我意识。诚然，想到我们的记忆是多么具有可塑性，或者我们也许会记住一些并没有发生过的事情，是很可怕的。我们很难接受自己遗忘了很多事情；事实上，大多数细节并没有那么重要，以致于永远不会回到我们的意识中。但如果你认为每看到一只蜘蛛就会想起每一次与蜘蛛有关的经历是很沮丧的事，那么想象一下每时每刻都有入侵性回忆闯入大脑的状况。我们必须对所记忆的东西进行优先排序和整理，我们的大脑也非常善于记忆重要的东西。但当那些重要的东西具有破坏性，干扰我们过上美好生活的能力时，也许我们是可以将之遗忘的。我同意伊莉斯·多诺万（Elise Donovan）的观点，她写道："由于创伤后应激障碍而无法在社会中发挥作用的退伍军人基本上已经失去了自我意识。伦理问题不在于治疗对他们造成什么样的影响，而在于停止可以缓解病情的研究和治疗是否合理。"[162]

我意识到那两个人在跟踪我，想立刻拔腿狂奔。我尽了最大的努力，继续快速而平稳地走着。我听到有人在咳嗽，有人在吐痰，但没人说话。他们只是看着我。

我一穿过广场走到街上，就加快了脚步。我知道我应该转头看看那两个人，但我太害怕了，不敢回头。我继续往前走了至少三个街区，终于转过头来，看到那两个男人跟着我走了一个街区后停了下来。我感到如释重负，小跑起来，一直跑到大概七个街区外的一家咖啡馆。

我冲进咖啡馆，比我希望的更有活力。此刻，我最不想要的就是人们的关注，但我控制不了。服务员立刻注意到我上气不接下气，浑身颤抖，他问我还好吗？我说还好，然后笑了一下，盯着墙上的咖啡单，想从兜里掏出点现金，但手抖得太厉害了。我的眼泪在眼睛里打转，鼻子酸酸的，脸肯定也变红了。服务员示意我在一张桌子旁坐下，花几秒钟冷静下来。我不想哭出来，因为一旦开始，就很难停下来了。于是，我做了呼吸练习——吸气，数到四时呼气，再数到四时再吸气。然后我拿出日记本，开始写作，希望能帮助大脑回归正轨。

我挣扎着整理思绪。我躲在一个小咖啡馆里，在一个生活水平已经明显改善的城市中，但与美国相比，贫困、犯罪、暴力、政治冲突和不稳定对这里的绝大多数人来说都是家常便饭。我与这里的生活发生了冲突，不仅受到了惊吓，还陷入了一场道德危机。

在日记本里，我看到了一页叠起来的杂志，是一个朋友给我的，上面写了一次"终极绑架"（Extreme Kidnapping）的经历。[163] 在美国，500美元就可以雇专业歹徒持枪绑架你，把你扣留4个小时。想要体验更多的话也可以，只要你付钱。

我有点想吐。这不就是那种暴力旅游吗？这让美国人看起来很可笑，而且一点也不了解一些国家政治不稳定且贫困的现实。

这种想法直击要害。我感到沮丧、困惑、恐慌、自我怀疑。我不知道我是谁，在干吗。难道我一直以来所追求的，即想要理解人们如何享受恐惧，其本质是剥削的、麻木的、不道德的？更糟糕的是：我在惊魂凶宅的工作是不是美化了暴力，鼓励了暴力的持续存在？我的世界观受到了冲击。在波哥大，我每晚都做噩梦，每天至少不由自主地哭两次。我不知道自己是不是还要继续写这本书，我做好了彻底离开恐惧行业的准备。

写了一个小时日记后，我的呼吸慢慢变得正常，我仍然不确定自己在干吗，但现在我至少能站起来，离开咖啡馆。我在城市里走了一圈，越来越为自己因恐惧而花费的精力感到沮丧，为了什么呢？什么事都没有发生。事实上，糟糕的是我自我诱导的威胁反应，但我确实不像下了CN塔一样，沉浸在多巴胺和内啡肽中，轻松自在。我慢慢明白了为什么这里每个人都说："在哥伦比亚，为什么会有人去鬼屋找害怕的感觉？去街上走走就行了！"我一直觉得他们是夸大其词，但可能他们才是对的。

最后，我终于找到了路，离开了旧城区。随后，我去拜访了人类学家埃斯特班·克鲁兹·尼诺（Esteban Cruz Niño），他专门写了一本书，讲述哥伦比亚的连环杀手：《哥伦比亚的怪物》(*Los Monstruos en Colombia Sí Existen*)。我去拜访他的时机恰到好处，因为我刚刚在现实中经历了他对恐惧和哥伦比亚人的假设：因为哥伦比亚人经常接触、经历真正的暴力，所以他们无意寻求或参与象征暴力的活动（即恐怖电影或鬼屋）。他说："现实生活就是恐怖故事。"[1]他说哥伦比亚没有赚钱的商业恐怖片和惊险行业，比如一部名为《马特博士》(*Dr. Mata*)的新剧［混合了《绝命毒师》(*Breaking Bad*)和《嗜血法医》(*Dexter*)的剧情］，除了哥伦比亚的一小部分年轻人和富人之外，其他人打的分都很低。[2]尼诺说，与美国

---

[1] 暴力程度较低的国家对象征暴力的活动（具有可怕的内容）参与度更高，乍一看来，这一假设似乎很有道理，但也有许多反例，比如墨西哥，虽然犯罪率很高，但它仍拥有成功的恐怖电影行业。而且，从微观来看，作战士兵玩恐怖游戏、看恐怖电影的比例很高，黑帮等暴力程度较高的团体也经常参与这些活动。

[2] 波哥大确实有恐怖电影，尽管数量很少，我也看过几场超自然主题的演出和娱乐活动，然而，正如我在波哥大采访的每个人所指出的，这些活动另有目的。它们不是纯粹为了娱乐，而是为了解释和应对人们遇到的真正的暴力，或者是为了让人们有个希望和精神寄托。杜阿尔特（Duarte）说，哥伦比亚的恐怖电影使用黑色幽默和讽刺手法来处理一切问题，从游击战到缉毒战争。他解释说，有时电影制片人这么做是为了表达政治立场，但这也是从冲突和威胁哥伦比亚的真正"怪物"的手中夺回所有权和控制权的一种方式。历史学家塞巴斯蒂安·基罗加（Sebastian Quiroga），曾担任拉丁美洲传记频道《我的鬼故事》(*My Ghost Story*)的制片人。他肯定了杜阿尔特和尼诺所说的内容，并补充道，创作和分享鬼故事是警告有暴力团体（游击队、非法军事组织、贩毒者）的存在，不使用真实姓名，是因为害怕遭到报复。我想补充一点，虽然具体情况可能有所差异，但穿越时间和空间，所有的故事都有相似的初衷；就像我们的祖先把掠食者变成了怪物一样，每个社会都找到了一种象征性的方式来对付它们自己的大白鲸。

人相比,哥伦比亚人并不认为恐惧是"潜在的",而是"可能的"。罗德里戈·杜阿尔特(Rodrigo Duarte)是恐怖片电影节"吉娜·僵尸节"(Zina Zombie Fest)[1]的导演,他给出了相似的评论——美国人总是对那些有可能发生的事情过度偏执,但实际上这些事情发生的概率很低。而哥伦比亚人每天都生活在真正的威胁之中,从不抱怨(我注意到了这一点:很多哥伦比亚人都不愿意说任何关于他们国家的负面言论)。

尼诺的话听起来很像我在不到一个小时前所经历的——以前在暴力街区的经历夸大了我身为美国人的偏执,所以我吓傻了。在那个小广场上,我之所以成了明显的目标,可以有很多种解释:那儿可能是某个帮派的地盘、热门的毒品交易点,或者是吸毒点。他们可能想抢劫我,或者绑架我,或者两者兼而有之。再或者,那儿可能是拉坎德拉里亚的一个体面街区,住着老住户,他们厌倦了年轻游客扰乱街区秩序,通宵达旦地喝酒狂欢(这是年长居民的普遍看法)。就像我把他们当作潜在的威胁一样,他们也这样看我。跟着我的人一直看着我,可能只是为了确保我不会再回来,也可能是在等

---

[1] "吉娜·僵尸节"致力于将独立恐怖电影带给人们——其辐射范围不仅在哥伦比亚,而且包括整个中美洲和南美洲。它最初是个电影俱乐部,后来逐渐发展为电影节。这个电影节将那些不会也不能在高人气的购物中心里放映的电影带给人们。杜阿尔特现在与世界各地的电影节、电影人和制片人合作,向人们展示伟大的独立作品。今年已经是吉娜·僵尸节的第六个年头了,而且还会继续办下去。这个电影节是合法电影节,并且获得了大量的支持,甚至得到了文化部的资助。

待合适的时机抢劫我,或者,他们只是碰巧和我朝着同一方向走。刚才,我可能是从最危险的地方侥幸逃脱,也可能是自己吓自己,因为当时的情景让我想起了自己上一次因为人身安全而感到恐惧。我想起几个月前在东京的时候,晚上11点,我孤身一人走在回家的路上,那可能更危险。但这就是恐惧的本质——"现实"通常并不重要,一切都在于感受。

是的,警惕性高是好事,作为一个身在治安不好的街区里的游客,我应该保持警惕,但我不需要那么惊慌失措。第二天,我问在波哥大出生、长大的劳拉,她是如何应对持续不断的威胁的,她耸了耸肩,说,她接受这个现实,但它不能控制她的生活。我也想这么做。

我们美国人都是偏执狂。[164] 我们害怕所有异常事件,因为正如社会学家 W. I. 托马斯(W. I. Thomas)和 D. S. 托马斯(D. S. Thomas)1928 年所说的,如果你相信或者感觉到某件事是真的,那么它将对你产生真实的影响。不管你孩子的床下有没有怪物,他最后都会颤抖,哭泣,和你睡在一张床上。会思考的、聪明的成年人也会这样,正如大卫·罗培克(David Ropeik)在他的文章《恐惧的后果》(*The Consequences of Fear*)中所写道的:

> 从转基因食品到工业化学品,从辐射到移动电话塔,现代世界的新技术为我们带来好处的同时,也带来了一

系列风险。有一些风险是切实存在的，还有很多只是我们感知的幻影。不可否认，这些都让我们担忧和恐惧，这种感觉持续的时间远远超过了24小时。[165]

但事实是，尽管与其他工业化国家相比，美国的安全程度很低，但大多数美国人现在比以往任何时候都更安全（正如在第六章写道的，他们的寿命更长）。皮尤研究中心（Pew Research Center）分析了美国疾病控制中心（Centers for Disease Control，CDC）和司法部全国犯罪受害调查（National Crime Victimization Survey）的数据，发现1993年至2011年间，非致命暴力犯罪的犯罪率下降了72%。[166] 枪支暴力的犯罪率也有所下降——2010年，枪械致死的比例下降了48%，枪支暴力犯罪从1993年的最高点下降了75%。[1] 从具体数字来看，1993年，非致命枪械犯罪受害者有150万名，2011年降至467000人。入室盗窃、机动车盗窃和其他盗窃犯罪同期下降了61%。但人们不仅仅是对暴力犯罪感到恐慌。正如罗培克所说，我们还担心大量无法控制的问题，即环境中充满了各种各样的新鲜事物，影响人们的健康和安全。好像我们每去除一种威胁，剩下的威胁就更大、更厉害、更让人恐惧。那些可能会危害我们生命的恐惧，癌症、痴呆症、心脏病、

---

[1] 2011年，暴力犯罪小幅上升，美国也的确存在枪支问题——美国持枪杀人案的数量多于大多数发达国家。而且，尽管美国的人口只占世界人口的5%，美国却拥有全球民用枪支的35%—50%。

糖尿病等,我们不太会一直想着,因为这些疾病既难以预测,又不易避免。但这一切都使我们感到不安和脆弱,觉得无法面对,亦不能解决。这些恐惧化身为压力和焦虑,笼罩着我们。于是我们将注意力集中到能控制的事物上,逐渐沉迷于研究吃什么喝什么、孩子们该怎么玩、我们该去哪儿,以及和什么人交谈。

大部分对犯罪率和危险的误解都与媒体曝光有关。世界各地发生的事件,我们在数秒内就能从新闻中看到,这使异常事件和悲剧看起来比事实上更常见,离我们的生活更近。对情绪脑(即杏仁体)来说,我们好像就生活在哥伦比亚、阿富汗或伊拉克。其次,全美国新闻如今用更多的时间报道犯罪新闻。皮尤研究中心2013年发布了《新闻媒体现状》(*The State of the News Media*),报告称,地方电视台报道犯罪新闻的比例从2005年的29%下降到了2012年的17%。[167]但美国广播公司(ABC)、哥伦比亚广播公司(CBS)和美国全国广播公司(NBC)播出的早间和晚间新闻节目中,报道犯罪新闻的时间增加了,特别是早间新闻,从2007年的9%升至2012年的14%。这一点,加上消费市场持续不断地产生令人恐惧的新闻,让美国人产生了错觉,觉得暴力犯罪的发生频率高于现实。[1]但仅仅因为我们更了解儿童捕猎者(引诱儿

---

[1] 于此有关的学术术语有熟悉度(familiarity)、群体极化(group polarization)和确认偏差(confirmation bias),具体请见 Daniel Gardner's *The Science of Fear: Why We Fear Things We Shouldn't*.

童卖淫、拍色情电影或色情照片的人）和鲨鱼攻击，并不意味着它们更经常发生。

媒体曝光和对威胁的误解只是问题的一部分——正如波哥大的同仁们提醒的那样，他们也有大量对暴力的报道，那么劳拉怎么能不被它控制呢？正如尼诺所指出的那样，这源于是在为可能还是必然做准备。对可能出现的危险，应对的重点在被动地回避："不要去那里，不要做这个，不要说那句话，因为不好的事情可能会发生。"然而，面对必然的威胁则是主动地投入："当坏事发生时，这样做，然后，做那个。"第一种视角限制了我们，第二种视角赋予我们成长的力量。

这种误解/恐惧/回避所带来的后果，已经不止于使人们对日常生活感到担忧，比如，饮料瓶用这种新型塑料是否安全，或是应不应该去那家开在"城里不安全地段"的新餐馆就餐。这种后果会产生消极的心理、生理和社会影响，就像我们前文对创伤（特别是孤独和慢性压力）所讨论的那样，而另一方面，你可能会觉得行为上一些微小的改变就能让你更安全。但是这些微小的改变伴随着巨大的代价：我们失去了培养情绪灵活性和弹性的机会。同时，我们将这些传递给了下一代。现今社会，过度保护孩子的父母和"直升机"父母（望子成龙或望女成凤的父母，他们就像直升机一样盘旋在孩子的上空，时时刻刻监控孩子的一举一动）[168] 培养出的孩子缺少一种叫作痛苦耐受力的重要能力[169]，因为他们没有机会测试自己的极限，没有机会面对压力或恐惧，也不能从中学会相信自己：跌倒了，知道这没关系，自己可以站起来。我们自己清楚创伤所带来的伤害，并不意味着每个人都应该把他们的孩子或者他们自己放在温室中——事实上，这是最糟糕的事情。

儿童发展研究人员罗杰·哈特（Roger Hart）最近对小时候参与过他的研究的成年人进行了跟踪调查，发现了这种过度保护倾向的证据。[170] 那时（30多年前），哈特对孩子们如何度过课余时间很感兴趣，他发现孩子们被允许在无人照看的情况下到远处闲逛、在小区里散步、游泳、爬树、独自玩耍，一切都很好。如今，他们却不允许自己的孩子独自溜达超过五分钟或五英尺，因为他们太害怕会发生坏事。孩子们（以及成年人，这个过程从未停止过）是由寄予在他们身上的期望所塑造的，如果他们得到的信息是"你处理不了这个"，他们会将其内化并相信：是的，他们没有能力处理。但是有一些方法可以在保证孩子安全的同时，让他们测试自己的极限。[1]

管理压力是我们随着时间的推移逐渐学会的技能。[171] 正

---

[1] 这并不是说父母应该让孩子随心所欲地胡作非为（尽管一些"自由放养育儿运动"中的极端者的做法与这非常接近），也不是说父母应该故意让孩子面对他们无法理解或解决的挑战或威胁——那是父母的职责。父母必须知道、理解孩子的各项技能发展到了什么程度，他们的舒适区在哪儿，然后做出理性的决定。最后，自由的或无监督的游戏和忽视不同，与朋友玩耍时面对并克服挑战和在动荡、充满压力和暴力的环境中长大也有很大区别。具体内容请查看罗杰·哈特的儿童成长环境研究小组（Children's Environmental Research Group）的网站（cergnyc.org）。

如免疫系统因为病原体的入侵，产生更多的白细胞，因此变得更强大；我们也一样，当我们在具有支持性的环境下接触到可控的威胁（不是创伤），自尊会增强我们的坚韧和勇气。不接触这样的威胁，我们就像是没有白细胞的免疫系统——如果我们躲在温室中，就还好，但我们不能一直待在温室中，谁愿意那样？

我们有能力变得如此强大又坚韧，但我们必须找到机会向自己证明这一点，这样我们才会知道并相信：是的，我能做到。然后，就像劳拉一样，不让恐惧控制我们的生活。我想，尼诺所说的象征性暴力也许的确存在，但我更愿意称其为自愿高唤醒负向经历（voluntary high-arousal negative experiences，VHANE）。

那晚回家的路上，我和马约及她刚出生的儿子一起，穿过了一场抗议活动，这场抗议活动最终在社区大学的前面演变成了暴力事件。空气中充满了催泪瓦斯，到处都是身着防暴服、戴着防毒面具的持械警察，一片片石块散落在路上。我感到瓦斯烧灼着我的喉咙，我无法把目光从那可怕的场景上移开。但司机和马约几乎一眼都没看，前者摇上车窗，后者用毯子盖住孩子的鼻子和嘴。这只是波哥大寻常的一天。

在波哥大的最后一个晚上，我又一次独自探险。这一次是去参观波哥大的中央公墓（Central Cemetery of Bogotá），自1836年以来，那儿一直是哥伦比亚最家喻户晓、最受人敬仰

第七章 误入歧途

和最臭名昭著的人的安息之地。这是一个不同寻常的地方，既是历史古迹，又有鬼屋式的刺激和恐惧，而且它建得很好。

有几个场景是传统的凶杀场景，非常可怕。一个是上吊自杀，另一个是斧头谋杀。但让我印象深刻的那一幕却一点也不血腥。那是在被绑架谋杀的受害者墓前上演的一幕。一个身材瘦小的年轻人扮演受害人的鬼魂，他坐在墓碑前，面向人群，双手抱膝。他说，就在前一天，他还和妻子、孩子们在一起，抱怨生活的琐事。他说，如果能够回家，回到心爱的人身边，他愿意付出一切。这时，我转过头看观众的反应：两个女人互相拥抱，一个男人似乎在擦眼泪，一对年轻夫妇靠得更近了。

我在脑海中回忆这一幕时，突然想到，这些故事不仅仅是闲聊的恐怖谈资。它们是民俗的肌理；它们是社会的黏合剂。古老民间传说中的怪物和野兽，让孩子们不再到树林里闲逛，哥伦比亚人分享鬼故事是警告彼此注意暴力团体（游击队、非法军事组织、贩毒者），同时，因为害怕遭到报复，而不使用真实姓名。这些故事是创造并分享经验和文化的一种方式。

在那天晚上参观墓地之前，我从未经历过如此美妙的体验：刺激、欢笑、悬疑和历史的完美平衡。这次的游览很吓人，使用了暴力的片段，让人很不舒服。同时，它也让人们感到自豪、自信、感恩，并团结一致。我想，这里就是证据，可以证明惊险刺激的、戏剧性的、恐怖的甚至是悲惨的事情，都能让你感觉更好、更完整。这并不是麻木不仁,就像我在旧城区的黑暗时刻所担心的那样。做得好的话,会很好玩、感人、具有教育意义,甚至还有点治愈。

在这样的空间里,你能产生一些前所未有的感受,或是想起在安全的环境中,朋友陪伴自己走过的一段艰难的时光。而且这一次,存储记忆的时候,也许你会多存一点乐趣,少存一点恐惧。创造一次带有一定程度的恐惧的体验,让人们突破极限,感到自信,同时,整个过程中也要有恰到好处的乐趣,让他们感觉很棒,并且所有的一切都要发生在没有剥削和麻木的环境中,这是一个艰巨的挑战;很多地方都失败了。但我亲眼看到并亲身体会到这是值得的。

如果有谁应该去创造这样的体验,我想这个人应该是我。

PART IV:
BRINGING IT HOME

第四部分：
带回成果

害怕什么，就去做什么。

——拉尔夫·瓦尔多·爱默生（Ralph Waldo Emerson）

本照片由惊魂凶宅提供。
版权：瑞秋林·舍恩。

第八章

创建地下室项目

你绝对忘不了与尸体的第一次接触。

夏天，我们全家常常一起去马里兰州的斯汀斯通农场博物馆（Steppingstone Farm Museum），那里有苏格兰高地博览会（Scottish Highland fair）。那是1991年，风和日丽的一天，微风拂面，送来阵阵蝉鸣，我悄悄溜出去，独自探索。我走进了一个古老的铁匠铺，那是一个棚屋。我环顾四周，仔细端详那些奇形怪状的工具，拉起从椽上垂下的铁链，抬起沉重的、锈迹斑斑的马蹄铁。所有物品都覆盖着一层厚厚的灰尘。工作台后面,有一条很短的走廊,入口处拉了一根细绳,上面挂着一个牌子,写着"禁止入内"。很自然地,我从绳子下钻过去,拍掉了几张蜘蛛网,溜进了后面的房间。房间里空空如也,只有角落里有一张椅子,上面有块白布,好像盖着什么东西。

是一具尸体。

我心里一滞,停下了脚步。"你好?"没人回应。我踮起脚尖走向前,屏住呼吸,竖起耳朵,想听听有没有任何生命迹象。什么都没有。我掀开布的底部,露出了两只破破烂烂的棕色鞋子。视线往上移,看到了腿,然后是一双布满皱纹的、苍老的手。我丢下白布,往后一跳。我独自一人和一个死人待在一间黑暗的屋子里,周围都是锈迹斑斑的农具,也就是,凶器。

我顿时可以看到整个故事的来龙去脉:在激烈的争执中,一个身高7英尺、体重350磅的苏格兰铁匠用打谷机、大锤或镰刀攻击他的祖父。这个怪物现在在哪里?是不是为了藏匿尸体他才挂上"禁止入内"的牌子?不管怎么说,我知道自己应该快点离开。但我动弹不得。我得看看尸体的其他部分。我闭上眼睛,拉下盖住头部的白布,做好了最坏的打算。睁开双眼,一个满脸皱纹、面带微笑的老人和我面对面,一双蓝色的眼睛直直地盯着我。尽管没有血,我还是向后跳了一步,尖叫着跑了出去。

我一直跑,直到回到家人身边,告诉他们我的发现。我

第八章 创建地下室项目

父亲的朋友立刻向我解释：我以为的尸体其实是老铁匠的蜡像。有趣的是，我的第一反应是失望，因为我无法向朋友们炫耀，说我发现了一具尸体。不过，它让我有了一个主意。那天的晚些时候和接下来的每一年，我都问朋友们想不想看看那个棚屋，然后吓他们一跳。结果，虽然那位老人不是我看到的第一具尸体，那个棚屋却变成了我的第一间鬼屋。

蜡像本身并没有什么可怕的——恰恰相反，那个铁匠慈眉善目，面带微笑。铁匠铺也没什么可怕的（除了有点老旧，到处都是能夺人性命、让人望而生畏的工具）。但是，我和朋友们走进去的时候，给他们讲了一个苏格兰铁匠的故事：在激烈的争执后，铁匠把祖父失手打死，并把他藏在一个废弃的旧棚屋的后屋里。情景设定好了，只要看到蜡像，即使没有白布，他们也会尖叫。我居心不良，但朋友们都乐在其中。

我从铁匠鬼屋中学到了很多东西。把同样的蜡像放在公园的长椅上，或者放在购物中心，可能看起来会格格不入，但不会让人害怕，当然也不会成为好玩的刺激景点。产生区别的原因在于，我找到它的地方——挂着"禁止入内"的牌子、布满生锈的旧工具的阴暗房间，我讲述的谋杀和故意伤人的故事，还有向朋友们发出的一起探险的邀请。我们都知道，甚至在某种程度上，我第一次闯入的时候也隐约明白，白布下面并不真的是一具尸体。但令人兴奋的是，我们暂时放下怀疑，让自己沉浸在故事中，近距离感受危险和禁忌。这就是为什么我们喜欢去"恐怖的"地方：如果安排得当，这些地方可以创造出具有真正的社会效益和心理效益的情感体验。

鬼屋是什么？这取决于你问的是谁。对大多数美国人来说，鬼屋是和朋友们排成一列，一起穿过的某个空间。那里，怪物、机器和动画会突然出现，吓你一跳。在这个套路下，有很大的发挥余地，恐怖娱乐业也因此分为三类。首先是"后院"（backyard）鬼屋，指大人们在10月的最后一周为附近的孩子们匆忙搭建的鬼屋，但其主要服务对象，是那些搭建鬼屋的人，他们从创建过程（和观察孩子们的反应）中获得快乐。第二种是中等级别的鬼屋，大部分都是从20世纪70和80年代美国青年商会（United States Junior Chamber，Jaycee）建造的鬼屋演变而来的。[1] 这些传统的鬼屋适合全家一起游玩，由小型慈善机构、学校、志愿消防协会和其他非营利组织经营，它们通过收取5美元的门票费来筹集善款。然后，是大型鬼屋景点。它们具有高科技、高质感的特点，带着好

---

[1] 美国青年商会（Jaycee）创建于1920年，是致力于领导力培训的民间组织。最初，他们寻找废弃的建筑物，在20世纪60年代末和70年代建立了自己的小型鬼屋。吉姆·古尔德（Jim Gould）和汤姆·希利戈斯（Tom Hilligoss），两名伊利诺伊州布鲁明顿分会的成员，合著了一本书，内容是如何设计鬼屋。这本书深受该组织的欢迎。在1975年的大会上，汤姆将自己的展位建成了一座小型的鬼屋，收到了热烈的反响，于是他成立了"鬼屋公司"（The Haunted House Company），为青年商会各分会的季节性活动提供面具和材料。汤姆走遍了美国各地，分享他在鬼屋方面的专业知识，畅谈如何建造成功的鬼屋。

莱坞式的布景与设计风格，配备了大量的专业人士，而不是志愿者。[1]它们每季能吸引3万多名游客（有些，比如东方州立监狱的"围墙惊魂记"，能吸引超过10万名游客）。

最后，还是取决于你询问的对象，可能会出现第四种鬼屋：出现在21世纪的"极限"鬼屋（the "extreme" haunt）。[2]在这些鬼屋中，演员会与游客互动，并将他们置于"极端"的环境中，比如被限制、被触摸、被蒙住眼睛，甚至亲历严刑拷打的场面。这使恐怖娱乐业出现了两种不同的发展方向，而惊魂凶宅恰巧处于两者中间。显然我也是。

曾有人问我，协助打造一间"极限"鬼屋是种怎样的体验，那是我第一次知道这个充满了误解、困惑、争论和分歧的概念。172 这对我来说很新鲜；我从来没有把自己在惊魂凶宅的互动式景点"地下室"中所做的工作看作是打造一间"极限"鬼屋。我只是依数据行事。

2008年以来，我一直在用扎根理论研究法（grounded theory method）对惊魂凶宅游客回答的开放式问题进行定性分析，包括依据数据中出现的主题、概念和类别，对答案进行

---

[1] 许多大型鬼屋都由非营利组织经营，或者为非营利组织筹款。想了解您所在地区慈善机构的鬼屋善款去向，请查看 charitynavigator.org。

[2] 我有一种预感，随着娱乐形式与媒介和环境的不断融合，区分鬼屋、沉浸式戏剧、互动表演艺术、虚拟现实、电子游戏和电影院将毫无意义。但传统的鬼屋永远都会占有一席之地，每一代人都需要体验在鬼屋中行走，看到恐怖的人物和怪物突然出现在面前的快感与乐趣。

编码（而不是先有一组代码，然后将其应用到所有数据中）。我可能拥有整个学术界最有趣的代码本——有一整个叫作"怪物"的类别，里面有僵尸、鬼怪、女巫、恶魔、连环杀手等子代码。还有一类，叫作"死亡方法"。通过计算代码的使用次数，我可以绘制出一段时间内的趋势图——例如，我预测了 2008 年僵尸热潮的兴起（和如今的衰落）。

有一个类别在 2008 年悄然出现，随后一直缓慢发展，直到在 2011 年突然爆发——一个我称为"互动式"的未分类代码。每当有人提到在穿过鬼屋的过程中，自己有多么想或者差一点被抓住、摸到、带走或与团队成员分开，我都会将其编入这个代码（和大多数鬼屋一样，惊魂凶宅不允许游客与怪物有身体接触）。慢慢地，有越来越多的游客希望能消除演员和游客间的障碍，让冒险过程更主动、更真实，从而更加可怕。

这些数据带来了相当大的挑战，也引发了许多问题。我们如何创造一种恐怖的互动体验，让人感觉真实又安全？经过与惊魂凶宅的老板兼创意总监斯科特·西蒙斯的多次讨论，我们决定做一个试验，像互动式话剧或浸入式话剧一样，让观众也成为表演的一部分，演员可以触摸观众，就像 Punch Drunk 公司在纽约上演的开创性的浸入式话剧《不眠之夜》（*Sleep No More*）[173]，以及匹兹堡 Bricolage 剧院制作的一对一的互动体验戏剧《阶层》（*STRATA*）[174]。

在进行试点测试时，我们找到了《阶层》剧组，请了演员艾恩·特西亚拉（Ayne Terceira），她完美地集专业才华和令人不安的性格于一身。我们在惊魂凶宅地下室的中央摆了两张大古董椅、一张小桌子和一个闪烁的灯泡，这里白天是一个八道的鸭瓶保龄球场（duckpin bowling alley），到了晚上则摇身一变，成了漆黑的回音室。我们让艾恩自行设计角色，她选择扮演维多利亚时代的一名妻子和母亲。我们唯一明确的要求是："问他们问题，触碰他们（除了隐私部位），让他们吓得屁滚尿流。"她做到了。这次体验被我们称为"惊魂凶宅的秘密"（ScareHouse Secrets）。体验是免费的，全程只有五分钟：游客坐在黑暗中，然后艾恩出现，进入即兴审讯环节。[1]

游客的反应非常好，在最初的尖叫和一连串脏话之后，他们开始紧张地笑，在椅子上动来动去，然后带着灿烂的笑容离开，和我小时候带到铁匠鬼屋去的那些朋友们的反应一样。随后，我会和每一位游客聊他们的感受，除了极少数人"没明白"，大多数人都说，独自一人待在黑暗中，再加上不知道艾恩接下来会做什么或说什么，让他们产生了一种从未有过的期待和兴奋；他们吓坏了，但是也爱死了。

第二年，惊魂凶宅吸取了"惊魂凶宅的秘密"的经验教训，设计了一个全新的身临其境的、互动式的、既恐怖又刺激的项目，那就是"地下室"。

---

[1] 演员们走近正在排队的游客，询问他们是否愿意了解"惊魂凶宅的秘密"，只有那些说"愿意"的游客才会被带进去，见到艾恩。这些游客被告知需要牵着演员的手，离开同伴至少五分钟，但是中途随时可以回来。

从一开始，地下室的任务就很明确——制造一种恐怖、互动、引人入胜的体验。我们希望游客觉得气氛既紧张又"无法控制"——但实际上一切都是舞台效果，按剧本演出，非常安全。正如伊曼努尔·康德（Immanuel Kant）在《判断力批判》（Critique of Judgment）中写的，只有在安全的地方经历恐惧，才会觉得有趣。[175] 为此，地下室以知情同意原则为基础。游客须年满18岁，自愿选择这项体验（这个项目有单独的门票，与惊魂凶宅分开出售）；充分了解体验内容，包括潜在风险，知道他们可以随时离开，明白他们所有的行为都在监控摄像头、安保人员、管理人员和受过专业训练的专业人员的监督之下。[1] 制定好规则之后，我们推出了地下室的第一季，包括12个场景，游客与角色进行一对一（或二对一）的互动。角色选取了调查数据显示的人们最害怕的人物：小丑、魔鬼、护士/医生、屠夫、罪犯、赤身裸体的人（演员们只是在黑暗中看着像没穿衣服），还有女巫。

这时，我才意识到，我所说的"互动"，鬼屋界称其为"极限"。而且，说得客气点，它引起了很多人的反感——从

---

[1] 我们制作了一份常见问题清单和一份责任豁免书，每位参与者（必须在18岁以上）都要签署责任豁免书，上面写明了项目规则和"安全词"，参与者可以随时说出安全词，结束体验，然后会有工作人员护送他们离场。所有演员都必须通过背景调查（惊魂凶宅的员工也是如此），并完成培训，知道他们可以做什么和不可以做什么。我们聘请的演员在理解和回应观众方面都有丰富的经验，他们都参与过即兴表演、浸入式戏剧或行为艺术表演。

第八章 创建地下室项目

其他鬼屋从业人员到教会成员，乃至女权主义者。我对"极限"这个词没有异议。我在地下室里创作的很多东西都是极端的。我不赞同的是，将极限直接等同于不安全、剥削、创伤和冒犯。

地下室采用的安全政策和楼上的鬼屋完全相同，所有员工都要通过背景调查，设施的建设符合消防和安全法规，劳工部的宣传海报随处可见，还编制了一本20多页的协议和政策手册。当然，现场还有监控摄像头和安保人员。[1]地下室还采用了惊魂凶宅自开放以来就坚持的政策：没有描述性暴力和无助的女性受害者的场景，不使用侮辱女性的词汇。[2]恐怖行业由男性主宰，不管是"极限"鬼屋还是传统鬼屋，很多都有女性受害或受虐的场景。[3]我们生活在一个女性饱受贬低和剥削的世界，暴力威胁是真实存在的。我在波哥大的经历证实，恐惧过于接近现实生活时，既不好玩，也不能带来满足感。在每一个外出的周六晚上，我都能看到足够多的性暴

---

[1] 恐怖娱乐业的安全问题应当引起关注。我见过的最危险的一些鬼屋是传统的小镇鬼屋和幽灵草车，它们什么事都可能发生。联邦政府没有出台对鬼屋的监管政策，各地的监管也因郡和州而异。许多鬼屋的志愿者都是孩子，大多数鬼屋都不对演员和员工做背景调查。

[2] 这很难执行，因为演员沉浸在某个场景中时，会一时冲动，说出这些字眼，无论对方是男是女。他们会在事后道歉，但事实上，这些比其他字句更容易脱口而出的话，说明了在我们的文化中，对女性的暴力是多么常见。

[3] 我不想给那些我觉得恶心的"极限"鬼屋带来任何关注，所以我不会提及它们的名字，只想说一些鬼屋 / 极限娱乐设施的设计是为了满足创建者而不是游客。这些人不想让人们振作起来，只想看他们崩溃。

力；我和同事们认为，这种可怕的现实，无须在我们的鬼屋里展现更多。就像惊魂凶宅里的主要场所一样，地下室将创造出刺激的、令人恐惧的体验，来颠覆现有的权力分配。[1]

地下室在第一季中大获成功，很多晚上的门票都卖光了。我们甚至还举办了三场淡季特别活动：圣诞节专场、情人节专场和一场夏日特别活动。三场门票都卖完了。在此期间，我收集了200多份游客满意度调查表，结果相当令人满意——91.4%的游客表示第二年还会参加。我为我们在地下室创造的一切感到骄傲，但我仍有很多疑问。比如，我请游客对地下室的紧张、刺激、恐怖、不适、反感程度进行打分。结果与我的预测相去甚远——人们认为它更刺激、更紧张，却并没有更恐怖。并且，我们对"我们还能怎样改进"这一问题的答案进行分析，发现人们希望它能更恐怖。这令人费解，因为我们绝对设计了一连串非常恐怖的体验。例如，一些游客的喉咙被塑料刀"切开"。这怎么会不恐怖呢？我们还能承受多可怕的东西？我们还想要多可怕呢？值得庆幸的是，在地下室的第二季开始之前，我学到了很多关于恐惧的知识。最重要的是，我和一个人见了面，他帮助我对这个主题产生了

---

[1] 地下室也有色情内容，但没有一种是模拟甚至是暗示性侵犯的。每个涉及色情内容的场景都不包含任何攻击暗示，而比较暴力的场景则不涉及性。最后，受到暴力或性骚扰的，是演员，而不是游客。尽管在进入地下室之前已明确说明过，不能骚扰或触摸演员，人们还是经常抓住或想要抓住演员，或是说一些粗俗的、与场景无关的话，做一些不恰当的事。对于这些人，我们不得不请他们离场。

全新的见解。

精神病学副教授兼认知情感神经科学项目（Program in Cognitive Affective Neuroscience，PICAN）主任格雷格·西格莱，是情绪研究领域的专家。他从美国国家卫生研究院获得了数百万美元的资助，他的简历足以吓倒哪怕是经验丰富的研究人员。但幸运的是，过去一年，我变得越来越勇敢。

尽管在行业内声名显赫，格雷格却态度友善，热情待人，不像我之前见过的许多研究主任，自诩为精英，自命不凡。他甚至邀请我试试所谓的"电击盒"（the shock box），测试我对恐惧的心理和生理反应。换句话说，他要把我吓个半死，然后看看我的大脑和身体有什么反应。当然，我很乐意参加这项测试。

一周后，格雷格微笑着伸出手欢迎我。他穿着舒适的深色牛仔裤和polo衫，深棕色直发垂到肩膀上，留着一点（不太长）文艺范十足的胡子。他是我遇到过的最平易近人、最热情的研究人员，跟想象中为我测试恐惧的医生不太一样，或者这只是我的错觉。

格雷格对恐惧相关的各个方面都很了解。他懂得煽动恐惧情绪的力量，所以不会轻视这个问题。他实验室的模式和我们在地下室项目中使用的模式是一样的——一个建立在知情同意原则之上的模式。在格雷格开始对我进行恐惧测试之前，他让我了解了我们将要做的事情的基本情况，但不是具体细节。我们讨论过,为了真实地探究我的恐惧反应,我们会做一些任何常规实验室都不会做的事——可能会引起惊讶、恐惧或强烈反应的事。我听了马上说:"我报名!"你可能会认为这在某种程度上破坏了测试结果——的确,对威胁的事先了解会影响我们的体验方式。但是,如果不讨论预期,不知道我同意的是什么,造成创伤的可能性就会很高。格雷格和我愉快地聊了两个小时才开始,所以当他真的开始恐惧测试时,我知道我是和一个可以信任的人在一个安全的地方。正如我后来观察到的,在我们自己的研究中,他以同样的体贴和关注对待每一位参与者。恐惧是我们可以玩的东西,我们可以从中得到积极的结果,但只有在负责任的情况下。对那些创造和制造刺激与寒颤的人,我迫切想要给他们上这一课。

我很熟悉格雷格用来测量我心理和生理反应的设备,我在学术生涯中一直在阅读使用这些设备进行试验的研究报告。但就像我一次又一次经历的那样,现实与想象是不同的,而且会用意想不到的方式打击你。首先,是皮肤电反应(galvanic skin response)仪,通过皮肤电导测量交感神经系统的活动状态,它知道你出了多少汗。接下来,是脑电图(electroencephalography,EEG)仪,它是一个令人生畏的黑色王冠,上面装饰着不祥的、蜘蛛腿一样的凸起,连接头部的不同部位。它的"脚"实际上是放置在头部特定位置的电极,用来同步测量神经元被激活时的电位活动。[1]不同的放电速度或振荡代表不同类型的大脑活动。缓慢的振荡,或者塞他波（θ波）,意味着每秒放电4—7次,这时大脑处于一种恍惚的状态,通常在困倦或冥想时出现。阿尔法波（α波）的神经元大约每秒放电8—13次,意味着大脑处于放空状态,意识清醒,身体放松。接下来是贝塔波（β波）,每秒放电13—30次,在人们积极活跃、专注或思考时出现。最后,是伽玛波（γ波）,每秒钟振动超过30次,大脑处于唤醒状态。伽玛波的出现意味着一个人全身心投入并被唤醒。西藏的僧侣在"纯粹的悲悯"（慈悲,不针对任何事物的同情）的状态下冥想时,也会出现这种波——此时大脑"完全投入"。

当脑电图仪和皮肤电反应仪启动后,格雷格指着我们面前的三个屏幕说:"这是你的大脑,这些是你的脑电波。"起初我看不明白。两个屏幕上显示的图像是测谎仪和心电图显示器上的记录,有很多弯弯曲曲的波形四处跳动。离我最近的屏幕上显示了大脑的四种活动,分别代表θ波、α波、β波和γ波。颜色的变化表示波的高低和位置（前、后、左、

---

[1] 格雷格使用的脑电图仪,由一家叫作Emotiv的公司生产,零售价只有750美元。相比之下,格雷格的实验室使用的脑电图仪更大,也更昂贵,售价8万美元,用于检测比我们将要处理的信号更微弱的信号。这种新型便携式脑电图仪实际上是为那些在线角色扮演游戏的玩家们设计的,他们在游戏中扮演巫师的角色,希望能够用自己的大脑施展魔法。在此我要感谢游戏行业为研究人员提供了价格实惠的脑电图仪,使他们能够走出实验室,去不为人知的地方,在更合适的环境中收集数据,施展魔法。

右)。这看起来就像是一个迷幻的屏幕保护程序,但是当格雷格要求我进行一系列的校准测试时,我正在做的事情和屏幕上的波形之间产生了联系。格雷格让我闭上眼睛,倒数10秒钟,然后睁开眼睛。

"看这儿,这个波形,有点像 α 波,也就是说,你闭上眼睛时,大脑进入了放空状态。"

看到屏幕上的反应,我意识到自己正站在窥视孔后面,研究我自己的大脑。我突然间紧张起来。如果我的大脑和身体以意想不到的或不寻常的方式应对恐惧怎么办?如果我不是真的害怕那些我自认为害怕的东西怎么办?如果我没有惊吓反射(startle reflex)怎么办?这一次,躲在窥视孔后面的不仅仅是我,还有格雷格——事实上,他在我做出反应之前就知道我会有什么反应,而他将是那个吓我一跳的人。我意识到,在此次调查所经历的所有可怕、惊险、奇怪的探险中,这是最陌生、最奇异,也最具启发性的。虽然这里没有血腥、怪物和参天的高度,但毫无疑问,这既奇怪又可怕。

"啪",格雷格突然在我面前用力拍手。我尖叫,缩在椅子上,彻彻底底被吓到了。某种程度上,我知道格雷格将要测试我的惊吓反射,但我不知道他什么时候测试,于是便忍不住嘲笑并评价自己的自动反应。

我看了看屏幕,然后看着格雷格。对我来说,这是揭露真相的时刻。这么多年来,从我有记忆开始,我就一直告诉

第八章 创建地下室项目

大家我喜欢恐怖的东西和鬼屋,因为我有敏感的惊吓反射。这听起来可能是一件微不足道的小事,但这是我选择现在这份职业的理由,也是我身份的重要组成部分:一个不能停止害怕的女人。

"怎么样?"我边问边试图在屏幕上找到一些迹象,但仍然不能完全理解我看到的图像。

"没错,"格雷格说,"你确实有敏感的惊吓反射,我们刚刚证实了这一点。我们正在测量大脑皮层,发现你的注意力产生了剧烈的反应,然后在很多方面都停止了思考。[1]

我立刻松了一口气,兴奋起来。我对惊吓很敏感,而且,它能让我的思维脑停止运作。我在活生生地观察一直以来我所经历、所阅读的一切。青春期的时候,我就告诉朋友们,我喜欢鬼屋,因为它让我感到自由,让我"停止思考",这种说法几乎与仪器对我的测量完全吻合。在富士急乐园的过山车上,在闹鬼的台场怪奇学校,在所有我去过的主题乐园和黑暗的洞穴里,我都有这种感觉。

紧接着,格雷格再一次很有礼貌地说:"如果可以的话,我想碰一下这里。"他轻轻地碰了碰我的右肩上方。我说:"当然可以。"我原以为他会以同样的方式碰我的上臂,但他没有。

出乎意料地,他重重地拍了一下我的肩膀。

---

[1] 脑电图仪,特别是我们使用的便携式脑电图仪,只能测量大脑皮层的活动,要测量大脑深处的活动需要进行有创手术,所以对大脑深处的测量通常仅限于灵长类动物研究。

我再次吓了一跳。这位彬彬有礼的、友善的、受人尊敬的研究人员刚刚打了我的肩膀。格雷格问我还好么,然后继续解释我的大脑是如何反应的。首先,我的脑电图显示了 β 波——我的身体立即进入了警戒模式。然后,我有意识地迅速后退了一步,正如 θ 波显示的那样。格雷格解释说,脑电图没有显示出任何高度唤醒状态,但皮肤电反应仪确实测到了强烈的交感神经反应。通俗地说就是:我被打了,我的身体说"哎哟!"我的大脑则告诉我快点离开。事实证明,我的默认反应是逃跑而不是战斗(至少在认知上是这样的)。

接下来,格雷格拿出了一台看起来像是 iPod 的东西。它是电子肌肉刺激器(electronic muscle stimulator,EMS),也就是"电击盒"。电线将设备底座产生的电流传送到两块 2×2 英寸的导电垫上,导电垫粘在皮肤上。这个装置实际上是为理疗师设计的,他们用它来放松肌肉;但格雷格开玩笑地说,使用这个装置时,他更像个虐待狂。

格雷格把导电垫贴在我的前臂,靠近肘部的地方,说我们会从五开始倒数,之后会开启设备。我焦急地倒数,然后感到垫子下面传来轻微的震动。一点也不疼,相反,我感到很放松。他一边把强度调高,一边说我的交感神经系统产生了强烈的反应,α 波和 θ 波也明显增加,但 β 波没有变化。格雷格说,就是这种反应让我觉得自己不太正常。我不知道这个"不正常",是好还是坏。但我没有太多时间可以思考,或者说没有足够多的"思维脑"可以思考;我处于一种恍惚、

第八章 创建地下室项目

放松的冥想状态。

然后他又把强度调高了一些。

放松、轻柔的震动迅速变成了让人汗毛倒竖的疼痛。像是有成千上万根细针扎进我的皮肤，然后深深地钻进肌肉里，一直到脚趾和骨头。疼痛来得突然而猛烈，仿佛我身体的每一个部位都踩到了河豚。

我大喊"哦！疼！"格雷格迅速将其关闭。

电击的痛苦通常被比作火烧、针刺或刀割，但事实上所有这些感觉都会留下不同的创伤。大脑有不同的痛觉感受器［称为伤害性感受器（nociceptors）］，能影响你对痛觉的不同感知，这就是为什么脸上挨了一拳的感觉和手在炉子上烧伤的感觉是不同的。就我个人而言，我触电过好几次，多是小时候被谷仓和马厩周围的电围栏电到。最糟糕的一次是我退到电栅栏的尽头，正好撞到了肘部后面的麻筋儿（尺骨）。那次的疼痛令人难忘，一波波疼痛如海啸般从手臂向外辐射，传递到身体的其他部位，发麻而痛苦。我立即跌倒在地，被我感受过的最严重的疼痛击垮了。电子肌肉刺激器远没有那么糟糕，但我可以确定，它们是同一种疼痛。

格雷格向我展示了我的交感神经系统兴奋时是什么样的，还有我尖叫时脑电波的样子。我在痛苦中盯着自己的大脑图像，能将完全看不到的东西视觉化，产生一个近乎有形的表现方式，这真令人欣慰，据此，人们确定疼痛是真实存在的而不是主观感受。接着，格雷格让我看着自己的手，我没有

— 223

意识到，却本能地缩回了手指，将它们卷起，收回到掌心，握成了拳头（这是触电时肌肉收缩的结果，也是抓住高压电线时"无法放开"的原因）。

格雷格继续尝试不同的电击强度，以及各种各样能诱发恐惧的物体。显然，是我做出的某种反应使格雷格继续测试下一个刺激物，而下个测试又让我大开眼界，认识了未知的自己。

格雷格告诉我，他想再次电击我，而这次，他要求道："我希望你有所控制。我会告诉你什么时候开始电击。提前做好准备，关掉痛觉。来，进入那个状态。"

虽然我们之前没有讨论过"关闭"痛觉或感官，但我完全明白他的意思。当我还是个孩子的时候，我就学会了一个小技巧：在学校开大会或者其他冗长的会议时，我的脚都会麻。我没有把那种针扎的感觉当作疼痛，相反，我告诉自己，这是一种积极的感觉（"这就是脚麻了的感觉，让它们麻吧。"年轻的我对自己说）。我一直在用这个技巧——当马咬我的大拇指时，当我看恐怖电影或者去鬼屋，希望让一切尽在掌控中时，当我决定不去面对死亡时。所以，坐在格雷格的实验室里，我告诉自己，当电子肌肉刺激器打开时，我不会感到疼痛，我会假装还是很舒服的感觉，它只是更长时间轻柔、放松的振动罢了。

格雷格再次启动了电子肌肉刺激器，这次比之前的强度要高。我告诉自己感觉还行，甚至挺不错。格雷格一边把强度调高，一边描述他看到的情况："我看到高频率的波（γ波）已经完全消失了，注意力系统也关闭了。β波消失了，γ波也消失了。只剩一点点α波和θ波，交感神经系统仍然兴奋。让我们看看把强度调高会发生什么。"他又调高一点，回头看屏幕：

"没有，什么也没发生。"

他又把强度调高了一点，问我还好吗。我告诉他很好，不觉得疼。事实也是如此，我不觉得疼。我当然能感觉到电流，但是只要我认定不疼，就不疼。格雷格关掉电子肌肉刺激器，我静静地坐着。我不太清楚刚刚发生了什么，但格雷格似乎觉得很有趣，这让我有点紧张。我一直认为我的这个技巧每个人都能做到，但现在我不那么确定了。是我有什么问题吗？

格雷格回头看着监视器，解释道，他所看到的与我之前的反应完全不同。皮肤电反应仪显示我的交感神经反应很活跃，说明边缘系统对电击做出了反应，但脑电图呈现的却是不同的景象："与之前相比，θ波有所增加。这是完全不同的反应。你把痛觉关闭了。你真的把痛觉全部关闭了。"格雷格指出，我的瞳孔没有扩张，还能回答问题，这说明我并没有意识到我的身体正在经历"疼痛"。他说，电击期间我的θ波和α波与人们在麻醉状态下的反应相同。基本上，当我告诉自己电子肌肉刺激器没有让我感到疼痛时，我陷入了一种恍惚状态，来让自己镇静。

当然，这是一件坏事。这和之前很多次在高唤醒的冒险过程中，执行功能停止运作或思维脑停止运转不同，在那些情况下，我感到强烈的恐惧和痛苦，但我无法理性思考。这次不一样。我看着皮肤电反应仪输出的数据，看到我的身体正在经历疼痛。但不知用了什么方法，我将自己，至少是我的思想，乃至我的体验，从身体中分离了出来。分离得如此彻底，以至于当我看到这些图形时，情不自禁地为自己的身体感到难过——被大脑抛弃，独自承受痛苦。在我的生命中，我一直使用这个"伎俩"，我的身体仍然处于痛苦之中，只是我没有体验到。格雷格还在观察我活跃的脑波，他看出了我正在努力理解，幸好他解释了这幅脑图，他的解释和我那黑暗又奇怪的大脑之前所想的略有不同。

人们会使用各种方法减弱威胁反应。首先，你可以压抑它，也就是把注意力集中在掩盖恐惧的外在表现。[176] 在某些文化中，这种情况更为常见，比如，有他人在场时，日本的被试者往往会压抑或掩饰自己的反应，独处时则不然；来自美国的被试者则没有这样的差别。但是，抑制并不会减弱生理反应，事实上，集中注意力掩饰会增强唤醒程度。其次，有些人将其"关闭"，意味着完全停止威胁反应。这是新学院大学（the New School）的温迪·德安德里亚（Wendy D'andrea）在研究创伤受害者时发现的一种自主反应——那些有明显创伤症状的人会经历"迟钝的自主反应"，即他们的交感神经系统会踩刹车，从根本上关闭威胁反应。[177] 这不仅仅是简单地关闭前额叶皮层,这是伴随着心率和皮肤电导率的下降,威胁反应产生的生理逆转。虽然它的目的是回应危险情况,但后果却很可怕。经历过这种反应的人可能会感到麻木、空虚,并且可能很长时间内都难以克服。

第三种方式称为警惕/回避反应。[178]克莉丝汀·拉森(Christine Larson)在测试参与者对蜘蛛照片的反应时,从功能性磁共振成像中观察到了这种反应。她发现蜘蛛恐惧症患者在看到蜘蛛的30毫秒内,杏仁核的活跃度达到高峰,当他们迅速将注意力转移到其他地方时,活跃度立即下降。回避反应可能会带来问题,因为为了消除恐惧,人们必须长时间保持专注以形成新的更幸福的记忆。治疗回避反应的方法是让恐惧症患者习惯于该刺激,这也是暴露疗法这种治疗恐惧症的常见方法的基本原理。

然而,就算不受回避反应影响,长时间感到强烈的恐惧也是不可取的,它最终会导致负面忧思和慢性压力。更进一步地讲,我们的目标是深入到问题的中心,观察正常人的情况:杏仁核持续反应之后,自然地回归到稳态。看到一只蜘蛛,有点害怕是正常的,但理想情况下,这种反应应该更小更慢,像一个火花而不是个炮仗。大脑皮层和边缘系统交流频繁的人,往往能很好地驾驭唤醒和压力,他们的生理和心理能够保持警觉,明确而清晰地解读前额皮层传递的信息。

包括格雷格在内的研究人员发现,有个方法便能帮助人们保持参与,继而克服恐惧,这个方法便是引入社会支持,比如父母或其他看护人的支持。[179] 例如，詹姆斯·科恩发现，当你害怕时，只要握住爱人的手，哪怕只有45秒，也会大大降低你对感知到的威胁的反应。[180] 正如格雷格所解释的："矛盾的是，你要先确保安全，才会允许恐惧发生。"这可能与威胁反应中释放的荷尔蒙和神经递质有关，即后叶催产素、阿片类物质和多巴胺，它们可以产生亲密感、连结感、归属感和爱的感觉。这正是雪莱·泰勒（Shelley Taylor）在研究压力下的亲密关系的生物学基础时发现的。从进化角度来看，这是有道理的，在高唤醒状态下，如果我们觉得与陪伴在身边的人关系亲密，就更有可能在野兽的袭击中活下来，击退敌人，和性伴侣一起繁衍后代。

第四种减少或尽量减少威胁反应的方式可能是最困难的：认知重评（cognitive reappraisal）。这与甘蒂丝·瑞欧的做法一致：在"真实世界"的压力情境下，主动重新定义体验并赋予其新含义。[181] 然而，在她的试验中，这种方法不太有效。但这是可能的，这也是格雷格让我"进入那个状态"并关闭恐惧反应时，我所做的事情。正如詹姆斯·格罗斯和加尔·谢泼斯（Gal Scheppes）的研究所表明的，这是一种有效的方法，但很难实现。[182] 因为面对的威胁不同，你可能没有足够的时间或资源进行认知重评，无论是心理上的还是身体上的。我不是地球上唯一拥有这种能力的人，但这种能力也不是十分常见。

这种认知吓了我一跳，我问格雷格那是什么意思。从表面上看，这似乎不是一件好事，从某种角度来讲，我是在欺骗吗？我长途跋涉到自杀森林，不就是想停止这件事吗？我这一整年不都是在经历恐惧吗？不都是在了解并思考我们的身体在不同的经历下会做出什么反应？如果情绪可以被操纵，它还是"真实的"吗？如果恐惧和痛苦可以选择，那意味着什么？那不是怪物的定义吗？

这难道不是让我变成怪物吗？

幸运的是，我正在和怪物专家本人交谈。格雷格注意到我担忧的表情和对脑电图的关注，他跟我分享了学术界研究西藏僧侣及其能力的悠久历史，他们能够减轻自己的痛苦，也秉持着纯粹的悲悯和大爱。[183] 功能性磁共振成像和脑电图表明，那些精通正念冥想（就像内感作用一样，将意识和注意力集中到自己的身体及身体感受上）的修行者不仅感受到的疼痛更少，他们的大脑也较少显示疼痛，当他们重新关注并重新评估自己正在经历的事情时，处理疼痛的大脑区域会缩小。所以，尽管正念冥想本质上是"关闭"了痛苦，但并不是通过压抑或忽略，而是更多地关注经验本身，并决定应该如何应对。[1]

想象一个雨夜，在高速公路上，你的车胎爆了，手机没电了，离你最近的房子在一条杂乱的碎石道上，车道尽头是一间破旧的农舍，窗户上透出一盏孤灯的光。那一刻，你感

---

[1] 研究表明，试图忽视疼痛，或者专注于疼痛和疼痛的程度，以及祈祷、盼望，实际上会增加疼痛感，不论是仪器测量还是自我报告都证实了这一点。

到汽车在颠簸，威胁反应开始了。当你艰难地向房子走去时，脑海里可能不断地冒出《月光光心慌慌》（*Halloween*）和《惊魂记》（*Psycho*）里的情节。还有另一种选择：你可以停下来，深呼吸，感谢命运，附近还有一个农舍，里面可能有电话。当然，这并不意味着你必须像许多恐怖片中的受害者一样向前走。你仍然可以保持警惕，但在这种情况下，如果看到了血淋淋的电锯，你不会陷入不理性的恐慌，不会慌张地跑上楼而不是向外跑。通常，有效的认知重评技能需要不断练习——至少在涉及改变心理物理反应，而不仅仅是主观经验时。但是，维克森林大学（Wake Forest University）的研究人员法德尔·扎伊丹（Fadel Zeidan）发现，即使只参加过一次名为"止禅"（samatha）的藏传佛教冥想训练，也可以减轻疼痛，同时减少与疼痛相关的大脑活动。[184]

在格雷格向我解释这项研究的时候，我拼命保持镇静，提醒自己，他正在提供关于恐惧的神经基础的宝贵信息。但我的内心拼命挣扎，有些眩晕。直到我试图把自己置于格雷格所描绘的人类情感的画面中，才觉得他说的是有道理的。

我不是西藏僧侣，也从未接受过冥想训练。虽然我们刚刚见面，并且我来这儿的目的是为我的书做调研——不是为了治病，但我已经信任格雷格了，所以我必须以最明确的方式提出下一个问题。

"所以，我有毛病吗？"

格雷格笑道："没有。你是那种精通情绪的忍者。你是个忍者。"

格雷格向我保证，即便我是一个忍者，我的情绪仍然非常真实。他提醒我，想想之前跳伞、坐过山车时，所感受到的幸福。他说在那些情况下，我选择了投入。格雷格认为，提到恐惧时，我们犯的最大的一个错误就是试图将其与其他高唤醒状态，如疼痛、兴奋、大笑或性唤起，区分开来。所有这些状态中都有很多相同的化学物质，是我们赋予它们以意义，就像那次在屋外发生街头斗殴的过程中，我的恐惧变成了愤怒。我们的交感神经系统被唤醒，接着，我们用认知操纵和大脑边缘系统与前额皮质之间的沟通协作来解释这种唤醒。这就是为什么我在街头斗殴发生的过程中，情绪迅速地从恐惧变为愤怒，为什么人们在知道自己安全后，对恐怖事物的反应从尖叫变为一笑置之，为什么补偿式的性爱格外销魂——情境发生了变化，但身体仍处于高唤醒状态。

那些没有受过大量正念冥想训练，自然而然地懂得认知重评的人，往往是那些经历过并且不得不忍受各种各样的生理反应的人——无论是痛苦、恐惧、焦虑、喜悦还是同情。例如，对耐力运动员的研究发现，应对疼痛最有效的机制不是忽视疼痛，而是重新评估疼痛。他们不将这种感觉视为痛苦，而是看成了一种积极的、有益的感觉，部分原因是出于热爱，就像那些给食物倒上辣酱的人，以及那些说"喜欢被冲撞"的足球运动员。其他运动员则告诉自己，在比赛中，大脑和身体是分开的，就像我同情自己的身体时想的那样。

僧侣和虔诚的信徒同样将忍受痛苦当作虔诚的一种表现。他们冥想时带着纯粹的悲悯，因此，他们所体会到的那铺天盖地的强烈感觉，只能被描述为爱，而不是绝望、愤怒、沮丧或悲伤。

还有另一群擅长认知重评的人，他们的情绪和知觉是两个工具箱，里面装满了地球上最有趣、最令人满足、最好玩、最刺激的玩具：绑缚、支配、臣服与受虐（bondage, domination, submission and masochism，BDSM）。[185] 针对这一群体的公开研究不多，仅有的一些几乎完全集中于两点：人格特征和BDSM是否是一种病理行为，即它是否可以被视为一种疾病。2013年发表在《性医学杂志》（*Journal of Sexual Medicine*）上的一项研究发现了一些非常有趣的内容：作为一个群体，BDSM群体比对照组拥有更受欢迎的心理特征（不那么神经质、更外向、更乐于接受新事物、更有责任感、对拒绝更不敏感、幸福感更高）。换句话说，大多数自愿接受捆绑、殴打、穿刺和折磨的人，并不是因为他们正设法解决心理创伤或遗弃问题，而仅仅是因为喜欢。这只是一项研究，还有待进一步调查，但目前看来，对BDSM感兴趣的人可能也是情绪忍者。他们的共同特征是具有专注力，或者说是这样一种能力：识别和理解自己身体的反应，选择他们想要赋予的意义，将经历掌握在自己手中，使其为自己服务，无论是在身体上还是在心理上。

我不觉得自己与西藏僧侣、超级马拉松运动员或BDSM

爱好者有多少共同点，当然也不会同时与他们有共通之处。但不管怎样，我不是怪物，也没有毛病。事实上，我感觉好像刚刚发现了自己拥有超级英雄一样的超能力，就像《X战警》(X-man)里的某个角色。克尔博士，情绪忍者。

但是，我仍然觉得披肩和面具的组合很奇怪。大部分情绪忍者也有恐慌症吗？敏感的惊跳反射呢？也喜欢惊险刺激的活动吗？我的超能力似乎与其他特质相冲突。我从来没见过任何一项研究表示焦虑和寻求刺激之间存在正相关关系。事实上，最新的研究表明，厌恶鬼屋和其他恐怖活动可能是儿童焦虑的标志。[186] 而且大多数治疗焦虑的重点是减少唤醒，而不是寻求唤醒。

格雷格说我在很多方面的反应都与常人不同。当我没精打采时，对惊吓很敏感。但是我对格雷格提出的很多新奇的刺激的第一反应是退后一步，评估后，才决定是否要参与其中。是什么原因造成了这种情况还很难说。恐惧研究还有一个漏洞，那就是大部分都发生在实验室中，在那儿很难创造出不确定感，研究人员受制于环境，实际能达到的恐怖程度也很有限。即使在被试者知情同意的情况下，它仍然是实验室研究。

那么，如果现实世界中的恐惧看起来不一样呢？我用来试图理解恐惧之好处的大部分研究都来自实验室，并且它们都着眼于其不利之处。但是我怎么知道某项研究是不是合适的呢？例如在实验室里，我们不可能看到有人被蒙上眼睛、被绑住、被锁在棺材里或感到自己被蓄意砍伤时的反应。真正的问题是缺乏数据。

格雷格建议我们一起解决这个问题。

格雷格提出,如果我们能一起收集真实数据,那岂不是太棒了?我仔细记录过人们穿过惊魂凶宅时的感受,但那只是我的笔记。格雷格用高级的仪器来理解我的感受,但那只是我一个人的反应:胳膊被打了一下,被吓了一跳,没什么可怕的。如果能将二者结合在一起呢?我有机会测试我想要的东西,而不仅仅是从实验室的研究结果中推断。我们可以在真实世界中测试恐惧,并回答这些问题:谁会参加这些活动,为什么?进入之前他们有什么感受,出来后会有不同的感觉吗?一次可怕的经历会改变人们的感觉和思考方式吗?

想法很简单:测试那些去惊魂凶宅玩的人,具体说来,是去我负责的地下室部的人。我们只从自愿参加的游客中选择被试者,这样可以避免格雷格所在的大学承担那些棘手的责任问题。首先,被试者会连上脑电图仪,回答一系列问题,并在15分钟内接受各种标准下的情绪和认知刺激。例如,他们会看到恐怖的和快乐的图片,听到令人吃惊的声音,他们会被要求想一些消极的事情(反复回想),握住同伴的手,做一些令人沮丧的认知任务,比如倒着数数。然后,被试者将穿过地下室,回来后,回答更多问题,并再次接受15分钟的认知和情绪刺激(因此我们可以测量前后的变化)。作为回报，我们会从他们的脑电图报告中选一张脑电波图片发给他们。这会将他们"内心的僵尸"吸引出来。

所以我和格雷格将在鬼屋界开设首个恐惧实验室——不是在随便的哪个鬼屋里。2014年,地下室项目的一切都将经过重新设计,以让游客有激动人心、毛骨悚然、不断突破的体验,这些体验是我从这一年四处冒险的经历和与格雷格的合作中学到的。这将是首个科学设计的鬼屋,会让游客觉得棒极了。

于是,我们着手改造"地下室"。

到开始筹划地下室项目的第二季时,我已经脱胎换骨了。我去了世界各地,不仅乘坐了过山车、行走在建筑物的边缘,而且直面困难的情绪,放开自己,接受全新的体验,知道了自己有多强大。我对自己、自己的信仰和人生目标,比以往任何时候都更自信,更有把握,我自己也比以往任何时候都更快乐。

更重要的是,我想与大家分享我所了解的生理刺激和心理寒战的好处。但我明白,我的许多经历远不是大多数人能够经历到的。我怎么做才能让游客捕捉到过山车的快感、台场怪奇学校和超自然调查的恐惧、站在塔顶边缘时发自内心的兴奋,以及面对死亡时的个人成长?我想创造一个前所未有的冒险景点。在克里斯特尔·鲁普(Crystal Rupp)和我的领导下,在一群令人惊叹的演员和工作人员的帮助下,我做到了。

首先，从选择开始。尽管"地下室1.0"建立在知情同意原则的基础上，但我担心我们做的不足以确保游客理解他们同意进行的体验是什么。经历了一年多的刺激体验后（有些是"极限"鬼屋），我意识到了这一点。有些景点虽然有免责声明书，但并没有充分告知这些体验包含什么（比如，它们并不可怕、好玩，也不能增长知识或经验）。此外，我还读过无数关于鬼屋的报道，有关于极限鬼屋的，也有其他的。一般来说，不论是浸入式戏剧还是娱乐活动，是免费的还是收费的，游客在人身安全和情绪安全方面都根本得不到照顾。例如，一些极限鬼屋没有"安全词"，这意味着除非上帝降临，否则你无法以安全、体面的方式离开。有一些极限鬼屋，确实有安全词，但演变成演员假扮游客，说出安全词，然后继续受到折磨。对我而言，这就是真正的折磨和绑架。游客必须始终、一直知道整个过程完全由他们自己控制，他们选择加入，而我们，是为了他们才做这个项目。

凯瑟琳·哈特利（Catherine Hartley）和同事最近发表了一篇论文，阐述了控制在应对恐惧和克服恐惧方面的重要性。[187] 在研究中，被试者被随机分配到可逃避（在本例中为休克）和不能逃避的环境或对照组中。之后，他们接受了恐惧条件反射测试，接着进行了消退测试（不再害怕刺激）和自然恢复测试（害怕刺激）。他们发现，在可逃避环境下的被试者改善了恐惧消退，防止了恐惧的自然恢复。对于那些处于不可逃避状态的被试者,情况正好相反,他们经历了更糟糕的恐惧消退,第二天,表现出了更多的恐惧。关于选择的重要性,这是一个关键的发现。就像发现玩俄罗斯方块可以预防PTSD一样,接触可控的压力源可以帮助我们应付未来真正的压力。正如哈特利所说:"数据表明,通过培养控制感的临床干预可以改善过度恐惧这一焦虑症症状。"选择是至关重要的,任何不将选择明确化、通俗化、合理化的机构都在伤害游客。

知情同意并不意味着你将整个过程都告诉游客,而是要向游客明确说明身体和心理可能遭受的风险和危险。考虑到这一点,我们更新了网站上的信息,更详细地解释了游客会遇到的情况,并在游客(包括母语非英语的游客)登记时明确地解释免责声明。在地下室中,游客遇到的第一位演员,是最专业、最有才华并且训练有素的科学家,也是我的同行,戴夫·马尔霍恩(Dave Malhorn),同时他也是一名演员(参演过《阶层》)。在这里,马尔霍恩将扮演门卫的角色。正如在过去一年中,我必须信任每一位与我共事的专业人士一样,我希望游客也能够信任地下室的每位演员。每天晚上,游客进门前,戴夫都会确认他们明白地知道自己将要经历的是什么(并找出那些可能没有准备好的游客,或者会给演员带来潜在危险的游客)。在那之后,每位游客都将知道自己是安全的,就像格雷格说的那样,你要先确保安全,才会允许恐惧发生。

接下来是人。我永远忘不了走下高飞车后,想要与人拥抱或击掌，结果找不到任何人的失落；也不会忘记在午夜，与艾米一起走过的世界上第一座监狱的漫漫长路。如果在"克朗代克"里没有她的支持，那天晚上可能会变成我的心理创伤［还有其他几次冒险，在康涅狄格州闹鬼的彭菲尔德灯塔（Penfield Lighthouse），她救了溺水的我］。我曾在独处的时光中获益匪浅，但我们在一起能表现得更好。所以，我们的地下室项目是和一位同伴共同完成的。时间也很关键，整个体验过程将持续大约40分钟，与我在加拿大国家电视塔上的时间相同。人们的惊吓反应约在20分钟时达到饱和（在那以后，我们不会再吓得跳起来），但仍处于威胁反应下，处于唤醒状态而且感到害怕。就像我在"边缘漫步"中感受到的纯粹的恐怖一样，我希望人们能有那样的体验，他们处于恐惧中，但还能够退后一步，想想发生了什么，自己有什么感受，这样他们就可以在安全的环境中了解自己的威胁反应。

然后我回想了一下自己在过山车上的感受——由于车迅速驶过拐角，并从陡峭的斜坡上快速下落，身体所感受到的剧烈、快速、失控的冲击。如何在鬼屋中重现这种感觉？我们无法让人们以62英里/小时的速度行进，像坐在"4D过山车"上一样。但也许可以通过控制位置运动来触发这种"胃下坠"的感觉。我希望这种感觉在体验的早期发生，真正激发唤醒系统，并创造出迷失方向和混乱的感觉。特蕾西·坎贝尔（Tracy Campbell），白天是一名护理研究员（不必惊讶，惊魂凶宅雇佣了大量研究人员），她将在第一幕中扮演一名过度劳累的图书管理员。特蕾西最多只有5英尺2英寸高，110磅重（不到100斤），正因为她很娇小，人们才不对她设防，也不会料到她会抓住自己、又推又拉，或者胡乱推搡——然而她就是这么做的。她的任务是让刚进入地下室的游客吓一跳，然后立即推得他们向后退，倒在一排以60度角靠在墙上的门上。人们撞上门以后，门会移动并弯曲（但不会断裂或摔到地面上），这就产生了一种不安全感，迫使游客向前撑起身体，像过山车准备出发时乘客的姿势（就像我在"咚咚啪"上经历的那样）。接下来，特蕾西会迅速把他们拉到地上，将他们拖到体验的下一部分。片刻之后，真正"完蛋了"的时刻才到来：特蕾西把游客推到两把椅子上，用袋子罩住他们的头，将他们推到黑暗中。然后，特蕾西熟练地操纵着他们的位置——她小心而大胆地把他们向前推或向后拉，制造出过山车从轨道转弯处甩过，沿着轨道飞驰的感觉。没有视觉，游客无法预测，也不能调整平衡，连续的摔抛打乱了他们的本体感受，让他们觉得更加失控。

接着，我想复制在黑暗的东方州立监狱独处的经历，让人们感受失去视觉，只能利用其他感官感受周遭事物的那种恐惧。为了实现这一目标，我们借鉴了童子军（the Boy Scouts）的适应力培养训练（resilience-building exercise），即蒙住眼睛，沿着一条绳子，穿过森林。我们用袋子代替眼罩，游客要面对的也不是树木、树根和崎岖的地形，而是两位演员，每位演员都配有一整套道具，冷的、热的、尖锐的、锋利的、能发出刺耳声音的。有大约5分钟的时间（在黑暗中，会感觉像过了一个世纪），游客必须在一片黑暗中摸出绳索（多种质地的）的位置。根据一些客人的反馈[1]，这是最可怕的部分。黑暗、不确定性、对潜伏在两英寸以外的东西一无所知，这些让每位游客都不得不面对我在废弃的牢房里发现的现实：最可怕的是你自己的想象。在这段时间里，演员们还会将总是挨着彼此的游客分开，他们对此反应强烈。很多人拒绝在没有同伴的陪伴下继续前进，或者为了找到同伴，上演了一场绝望的马可波罗抓人游戏（game of Marco Polo）。

想要再现我在超自然现象调查期间的强烈感受是很困难的，那种经验是由阴森恐怖的空间带来的，充满寂静、期待和感动。正如我们两年前所做的那样，我们找到了艾恩·特西亚拉，她从一开始就与我们密切合作，她不仅明白我所说的"神秘、有事儿要发生的、悄然寂静的感觉"，而且把它变成了这一年我最喜欢的场景之一。长长的黑发垂到腰际——和经典的日本雪女一样，一寸长的指甲，再加上神秘、混乱和不可预知的完美组合，艾恩变身为坐在椅子上的令人毛骨悚然的人。那场面令人十分不安，艾恩看上去和我在台场怪奇学校遇到的恶鬼一模一样，她欢迎游客进入她那闪着烛光的教堂，坐在其中一张长椅上，然后她把纸巾塞进他们的嘴

---

[1] 以利亚·伍德（Elijah Wood）和罗斯·莱斯利（Rose Leslie）参加了此项目，并表示，在黑暗中摸索绳索是他们最喜欢的部分，实际上，他们对整个项目都评价甚高。这绝对是我这一年的巅峰时刻。

里，再用一次性牙签和牙线[1]把他们的嘴封上，这样他们就发不出声音了。之后艾恩会用尖尖的长指甲划过游客的脖子和手臂，与此同时，幕后的扬声器一直播放着次声——就像我从捉鬼者那里了解到的那样，这是 ASMR 反应的常见诱因。它能让游客感到脊柱发寒。

不过，我的冒险并不全是身体的感觉。我也被迫去处理和思考那些通常会被自己屏蔽的事情。当你完全敞开心扉去感受时，就会出现这种情况——不管是恐惧、爱、欢乐、幸福还是悲伤，你让其中一种情绪进来时，它们全都会进来。我所学到的是，在最好的情况下，它们之间的界限是模糊的。我希望游客有机会在安全的环境中探索他们自己的个人界限和人际关系的界限。这些挑战极限的场景也是与流行的恐怖怪物玩耍的好机会，比如疯狂的小丑。在一个场景中，我们的演员得到指示，要灵活运用与游客间的权力动态关系，让他们扮演英雄或助手（帮助小丑化妆或找到毛绒动物），或是扮演追随者（给他们化妆或是一起玩游戏）。这将迫使游客暴露他们行为的边界，演员们会据此将他们推出舒适区。在其他场景中，游客将被迫重新考虑与同行伙伴之间的关系。例如，在某个有医生的场景中，游客必须决定如果需要的话，要执行哪些医疗程序，使用什么工具，对彼此进行治疗。在其他挑战极限的场景中，游客必须弄清楚他们要如何应对想

---

[1] 地下室里的所有物品，包括套在游客头上的袋子都是一次性的。

要带走他们身体的恶魔,以及面对背诵莎士比亚诗句的小丑,他的唯一目标是让游客(不论男女)成为他的配偶,该怎么说,怎么做。以上每个场景,演员们都会回应游客,支持或帮助他们找出边界在哪儿,然后轻轻一推。[1]

我从这几年的调查反馈阅读、探险旅程和多次与陌生人进行的残酷而坦诚的对话中学到,有时候我们最恐惧的,是藏在内心深处的秘密——那些我们看过、做过或是亲身经历的丢脸的事情。我们羞于向自己承认,更别说向别人坦白。协助建立童年逆境研究测试(adverse childhood experience score)的文森特·费利蒂(Vincent Felitti)博士,在实践中发现,与别人分享自己最丢脸的时刻可以带来巨大的安慰。[188] 仅仅是告诉别人一个可耻的想法、回忆或经历就可以减轻其在心中沉重的分量。为此,我们设计了忏悔环节,好管闲事的神父将不断向游客提出诱导性问题,但他决不会为了满足自己病态的好奇心而追问细节,以此打造一片空间,使人们可以在此承认自己的秘密或是可怕的想法和感受。他们当然可以撒谎,但为什么要这样做呢?他们没有理由认为秘密会泄露出去。演员们不会从虚构的情节中得知真相,也不会进行真正的评价。治疗师的办公室里有保密协议,而鬼屋里有匿名原则。

尽管面对死亡是整个冒险经历中最有挑战性的一项,但

---

[1] 当然,有些人的边界远远超出了地下室演员要遵守的规则。因此,不止一位游客因违反规定而被要求离场。

实际上，这种体验很容易再现。我们做了一个棺材，在里面铺上泡沫填充物和缎子床单（其实很舒服）。神父把游客带到场景中，让他们跪在棺材前的祭坛上。大约十秒后，死神进入房间。扮演死神的演员尼克·诺尔（Nick Noir）留着及腰的长发，脸上有几处刺痕，没有眉毛，皮肤呈瓷白色——这时他还没有穿上他的死神服：一件标志性的黑色大斗篷，还要带上一把镰刀。他一出现，游客就开始尖叫，当他开始讲话，其实是说教，告诉他们死亡将至，并要求他们选出要埋葬的人时，游客完全失控了。一名游客——不管是不是自愿的——会在棺材里待一分钟，剩下的人将被小丑拖走。在棺材里待的时间至关重要——20秒的体验是新颖而有趣的，20秒后，游客会开始怀疑要在里面待多久，这就是恐慌的开始。但有趣的是，人们进入棺材后有两种普遍的反应：要么吓坏了，拍着棺木，尖叫着要出去（许多人说出了安全词，离开地下室）；要么觉得舒适和放松。这表明了自己的解读在恐惧中有多么重要——有些人感到压抑、幽闭、陷入困境，而另一些人则感到安全、舒适、温暖。

最后，我想把在格雷格实验室的经历带进鬼屋。一位演员会带游客进入一处黑暗的地方，让他们手牵手并排坐好，然后把他们绑在一起，铐在椅子上。接着，用一个用锡箔包裹的（安全的）电动塑料刀"砍"游客。由于游客能触碰到彼此，因此每次同伴被砍时，另一个人也能感觉到。理论上，因为手牵手，两个游客都会产生后叶催产素。我们的目标是让游客彼此更亲近，心与心连结得更紧密，同时创造一段让他们终身难忘的回忆。

还有其他几个将挑战极限与身体刺激相结合的场景，全部完成后，游客将离开地下室，返回到他们登记的地方，拿好个人物品。我们希望他们在离开之前，坐下休息一会儿或四处逛逛，给自己一个机会，在回到现实世界之前调整好自己，让思维脑恢复工作。

2014年的整个这一季，我只缺席了一个晚上，其他的每一个晚上，我都在实验室里，在地下室中，或者，更多的时候是在外面，焦急地等待游客们离场，听他们的故事，学习，与他们共同成长。

到这一季结束时，我们已经收集了近100张脑电图和超过250份游客反馈。这些人大部分都在20岁到30岁之间，这个年龄段中，女性略多于男性（分别占总游客量的51%和45%），这与惊魂凶宅的统计数据一致（进一步有力地证实了恐怖内容不只吸引男性群体）。现在我们仍在努力分析这些数量庞大的数据，迄今为止，这些发现带来的已经不仅仅是启发。但我最在意的，也让我感到前所未有的自豪的是：人们喜欢地下室，他们离开时感觉棒极了。[189]

进入地下室之前，参与者要对自己的心情打分，按1—10的标准。离开时，还要再打一次分。结果发现在地下室的体验使他们的情绪发生了明显的变化，而且这些变化是积极的——惊吓让人感觉更好。对调查数据进行的初步分析还表明，大多数受访者认为他们挑战了自己的恐惧，对自己有了更多的了解。将反馈结果与脑电图相关联时，我们发现那些最开放、最乐于参与刺激体验的人收获最大，即他们离开时更快乐。不仅他们自己说他们感觉更好，脑电图数据也显示他们更放松；他们并没有过多地思考认知任务或因此而感到有压力，也没有反复忧思或担心。他们的"杂念"基本上停止了，原本让他们烦心的事情也不像之前那样困扰他们，就像我在加拿大国家电视塔的"边缘漫步"项目中所经历的那样。那些乐于甚至有点渴望参与的人收益最大——换句话说，最忠实的粉丝是和我一样的人。

我们收集了具有统计意义的数据，这些数据证明了为什么那些焦虑或担忧的人喜欢参与刺激体验。这个理论需要更多的实验验证。但它显示，参与刺激体验时，我们不是简单地得到自然的快感，失去执行能力，而是重新校准了抗压能力——当我们把自己逼到极限，过去那些每天困扰我们的事情似乎也没什么大不了了。如果你能忍受被死神关在棺材里待一分钟，在教堂里被人缝上嘴巴，被人用电动刀砍，你就能解决所有事情。是的，所有这些都是在迈克尔·阿普特（Michael Apter）所称的安全的"保护框架"（protective frame）中体验的，但在连续不断的念头中出现的韧性、自信和突破，即使只出现了很短的时间，也是真实的，而且让人感觉不错。[190]

但还有一件事。第二年，游客仍然说这还不够恐怖。我可以不带任何偏见地说，地下室项目很恐怖。我看到人们尖叫着跑出去；看到他们暴露出自己的界限，并突破了界限。你还能要求一间鬼屋什么呢？那一刻，我们的恐惧实验室的优点显而易见。根据脑电图扫描结果，甚至仅仅是与从地下室离开的游客的交谈，就能明显感觉到，他们的状态与之前完全不同。参加过刺激体验后，他们更放松，身心更加悠闲。不是他们在回答问题时撒了谎，而是纯粹的愉悦和安慰让他们忘记了自己之前有多害怕。这一迹象表明，我们做到了想要完成的事：带领人们进行一场情绪的成长冒险，让他们突破自己的边界，他们归来时不仅安然无恙，而且比来的时候感觉更好。

格雷格和我还有很多数据要分析，很多问题要回答。但看到这一切都变为现实是多么令人激动啊。我走遍世界各地寻找恐惧，然后试着把我的发现集中到一个黑暗的大房间里——效果很不错。我体会到了一种熟悉的满足感，就像孩童时，带着朋友们去铁匠棚里看"被谋杀的人"一样。我以同样的方式传播着恐惧和欢乐。

几年前，因为想让人们的生活更美好，我成了一名社会学家。我希望能找到方法来结束植根于恐惧的偏见、歧视和虐待带来的伤害和不利影响。但从没想过自己会在一个尘土飞扬的地下室里，一手拿刀，一手拿个黑袋子，来完成这个任务。

后记

那些克服了恐惧去宰杀野兽的人,那些冒险去探索未知世界的人,都收到了命运丰厚的礼物:活下来。他们是我们的祖先。我们想要继续冒险,希望有机会挑战自我、克服困难。刺激的经历和自我惊吓都伴随着冲突与解决,这让我们感觉良好,一切尽在掌握中,让我们感到自信,并在对自己能力和自我的肯定中获得安全感。我们可以在狂乱的暴风雨中驾船航行,并安全地回到原地。我们要做的就是敞开心扉,"选择加入"。当我们这样做的时候,我们会成为领航者,引领经验发生,并决定它的意义。

我们的大脑在模仿方面令人惊叹,但没有什么能代替亲身经历所带来的身体感觉——哪怕只是独自坐在森林里的体验。你永远不知道自己可能会经历或感受到什么。你不必挂在加拿大国家电视塔上,你可以从小处着手:尝试一种新食物;看一部恐怖电影;溜冰、轮滑、滑雪、做运动,什么运动都行;倒立或者翻跟头。打造你自己的冒险地图。从许多容易达到的目的地和完全可以完成的活动,以及一些稍稍努力即可完成的活动开始!走过漆黑的走廊和爬过隧道带给我的快乐与满足,远远超过买一双新靴子。

坚持更新冒险日志或博客,拍照并写下你在那些经历中的感受。正视死亡。写下你的恐惧,你真正害怕的是什么,为什么害怕。逼着自己走出舒适区,即便只是一小步,也会有兴奋、成长和活着的感觉。

致谢

你生命中的人塑造了你，能认识到这一点是非常强大的。这个想法令我惊叹，因为我周围的人都很了不起（每个人都值得我写一封感谢信——这是一个仔细回忆的好机会）。我要感谢艾丽雅·汉娜·哈比卜（Alia Hanna Habib）和本·亚当斯（Ben Adams），他们愿意跳上这辆探险列车，系好安全带，与我一同踏上冒险之旅。我还要感谢格雷格·西格莱，是他启发了我，我对他感激不尽；之前，我从未想过最大的冒险会始于实验室。

对惊魂凶宅的感谢，我能写出一本书。西蒙斯夫妇所给予的支持、引导、信心与信任令人难以置信，对此，我永远心存感激。惊魂凶宅带给了我全新的生活。惊魂凶宅的所有演职人员，万分感谢你们把我吓得屁滚尿流。我要特别感谢克里斯特尔·鲁普（Crystal Rupp）、斯科特·西蒙斯和地下室项目的所有演员：我们让游客感觉很好，将噩梦变成了英雄之旅。我要感谢霍林斯大学对我人生道路产生的不可思议的影响。很多成功的女性都来自霍林斯大学。如果没有在那里不寻常的经历和那里优秀教授们的引导，我不会发现自己探索的热情和自信。

我想，没有人有像我们在匹兹堡大学那样的读研经历，对此我心怀感激。感谢梅丽莎·斯沃格·罗伯森（Melissa Swauger Roberson）、丽萨·许布纳（Lisa Huebner）、凯特·巴尔杰·格雷（Kat Bulger Gray）和马约·阿凡瑞斯·里瓦杜利亚（Majo Álvarez Rivadulla）。

我永远感谢我的父母，是他们把我带到了这个世界，让我经历了人生的伟大冒险，更不用说他们对一个以吓唬人为生的女儿给予了坚定不移的支持。我知道这并不容易。

感谢劳拉·金斯利（Laura Kingsley）、丹·金蒙斯（Dan Kimmons）、杰西卡·曼纳克（Jessica Manack）、谢利·约翰逊（Chelly Johnson）和安吉拉·威尔逊（Angela Wilson），感谢他们的支持与理解。

最后，感谢艾米·霍拉曼，她在我的理智脑与情绪脑之间架起了一座桥。陪伴我走向恐怖的边缘，并确保我能安全返回的人是她（在一些情况下，她就是这样做的）；很多时候，我转身惊叫"我的妈呀"，那时在我身边的人，也是她。正如我所学到的，与人分享或分担时，一切都会变得更好。我想不出比她更好的分享或分担对象了。

注释

前言

1. David Ropeik, "The Consequences of Fear," *EMBO Reports* 5 (2004); World Health Organization 2014 reports, who.int/en/.
2. Daniel Gardner, *The Science of Fear: How the Culture of Fear Manipulates Your Brain* (New York: Penguin, 2008); Peter Stearns, *American Fear: The Causes and Consequences of High Anxiety* (New York: Routledge, 2006); Barry Glassner, *The Culture of Fear: Why Americans Are Afraid of the Wrong Things* (New York: Basic Books, 1999).

第一章：胃下坠

3. "国家精神卫生研究所的研究领域标准" National Institutes of Health, nimh.nih.gov/research-priorities/rdoc/nimh-research-domain-criteria-rdoc.shtml#toc_product, accessed April 24, 2015.
4. Paul Ekman, "Universals and Cultural Differences in Facial Expressions of Emotion," in *Nebraska Symposium on Motivation, 1971*, edited by J. Cole, vol. 19 (Lincoln: University of Nebraska Press, 1972), 207–282.
5. Erika H. Siegel, Molly Cannon, Paul Condon, Karen Quigley, and Lisa Feldman Barrett, "Where in the Body Are Discrete Emotions?," poster presentation, Society for Affective Science, Bethesda, MD,

April 24–26, 2014; Maria Gendron, Debi Roberson, and Lisa Feldman Barrett, "Cultural Variation in Emotion Perception Is Real: A Response to Sauter, Eisner, Ekman, and Scott," *Psychological Science* 26, no. 3 (2015).

6. Joseph LeDoux, "The Slippery Slope of Fear," *Trends in Neuroscience* 36, no. 5 (2013): 275–284.
7. Joseph LeDoux, "Emotional Brain, Fear and the Amygdala," *Cellular and Molecular Neurobiology* 23, nos. 4–5 (2002): 727–738.
8. International Association of Amusement Parks and Attractions, *The Economic Impacts of the US Attractions Industry*, 2014, iaapa.org/iaapa-foundation/economic-impact -study.
9. Robert Cartmell, *The Incredible Scream Machine: A History of the Roller Coaster* (Bowling Green, OH: Bowling Green State University Popular Press, 1987).
10. David Bennett, *Roller Coaster: Wooden and Steel Coasters, Twisters and Corkscrews* (Edison, NJ: Chartwell Books, 1998).
11. Adam Sandy, "Roller Coaster History," Ultimate Rollercoaster, 1999–2006, ultimaterollercoaster.com/coasters /history/.
12. Arthur Aron, Christina C. Norman, Elaine N. Aron, Colin McKenna, and Richard E. Heyman, "Couples' Shared Participation in Novel and Arousing Activities and Experienced Relationship Quality," *Journal of Personality and Social Psychology* 78, no. 2 (2000): 273–284.
13. Garriy H. Shteynberg, Jacob B. Hirsh, Evan P. Apfelbaum, Jeff T. Larsen, Adam D. Galinsky, and Neal J. Roese, "Feeling More Together: Group Attention Intensifies Emotion," *Emotion* 14, no. 6 (2014): 1102–1114.
14. Kyung Hwa Lee and Greg J. Siegle, "Common and Distinct Brain Networks Underlying Explicit Emotional Evaluation: A Meta-Analytic Study," *Social Cognitive and Affective Neuroscience* 7, no. 5 (2012): 521–534.
15. Lindsay M. Oberman and Vilayanur S. Ramachandran, "The

Simulating Social Mind: The Role of the Mirror Neuron System and Simulation in the Social and Communicative Deficits of Autism Spectrum Disorders," *Psychological Bulletin* 133, no. 2 (2007): 310–327.

16. Jason Marsh, "Do Mirror Neurons Give Us Empathy?," Greater Good: The Science of a MeaningfulLife, March 29, 2012, greatergood.berkeley.edu/article/item/do_mirror_neurons_give_empathy.

17. Christian Jarrett, "A Calm Look at the Most Hyped Concept in Neuroscience: Mirror Neurons," *Wired*, December 13, 2013.

18. James Kilner and Roger Lemon, "What We Know Currently About Mirror Neurons," *Current Biology* 23, no. 23 (2013): R1057–1062.

19. Jason R. Carter and Chester A. Ray, "Sympathetic Responses to Vestibular Activation in Humans," *American Journal of Physiology: Regulatory, Integrative and Comparative Physiology* 294, no. 3 (2008): R681–688; Diane Deroualle and Christopher Lopez, "Toward a Vestibular Contribution to Social Cognition," *Frontiers in Integrative Neuroscience* 8 (2014): 16; Stephen M. Highstein, Richard R. Fay, and Arthur N. Popper, *The Vestibular System* (New York: Springer, 2004).

20. "International Space Hall of Fame: John P. Stapp," New Mexico Museum of Space History, nmspacemuseum.org/halloffame/detail.php?id=46, accessed March 15, 2015.

21. Suzanne Slade, *Feel the G's: The Science of Gravity and G-Forces*, Headline Science (Mankato, MN: Compass Point Books, 2009).

22. 格雷格·西格莱和我在一个旋转的光隧道中做了一个实验。我戴着便携式脑电图仪，时而尝试控制晕眩感，时而放松，享受这种位觉错乱。脑电图数据显示，当我试图调节和放松时，脑电波确实不同。

23. Julien Barra, Laurent Auclair, Agnès Charvillat, Manuel Vidal, and Dominic Pérennou, "Postural Control System Influences Intrinsic Alerting State," *Neuropsychology* 29, no. 2 (2015): 226–234.

24. Christopher Bergland, "How Does the Vagus Nerve Convey Gut Instincts to the Brain?," The Athlete's Way (blog), *Psychology*

Today, May 23, 2014, psychologytoday.com/blog/the-athletes-way/201405/how-does-the-vagus-nerve-convey-gut-instincts-to-the-brain; Mela- nie Klarer, Myrtha Arnold, Lydia Günther, Christine Winter, Wolfgang Langhans, and Urs Meyer, "Gut Vagal Afferents Differentially Modulate Innate Anxiety and Learned Fear," *Journal of Neuroscience* 34, no. 21 (2014): 7067–7076.

25. Robert W. Levenson, "The Autonomic Nervous System and Emotion," *Emotion Review* 6, no. 2 (2014): 100–112.

26. Pavel Mohr, Mabel Rodriguez, Anna Slavičková, and Jan Hanka, "The Application of Vagus Nerve Stimulation and Deep Brain Stimulation in Depression," *Neuropsychobiology* 64, no. 3 (2011): 170–181; Giuseppe Tisi, Angelo Franzini, Giuseppe Messina, Mario Savino, and Orsola Gambini, "Vagus Nerve Stimulation Therapy in Treatment-Resistant Depression: A Series Report," *Psychiatry and Clinical Neurosciences* 68, no. 8 (2014): 606–611.

27. Klarer et al., "Gut Vagal Afferents."

28. Roger Highfield, "Science: Why We Scream," *Telegraph* (London), June 17, 2008.

29. Frederick Verbruggen, Maisy Best, William A. Bowditch, Tobias Stevens, and Ian P. L. McLaren, "The Inhibitory Control Reflex," *Neuropsychologia* 65 (2014): 263–278; Kai Hwang, Avniel S. Ghuman, Dara S. Manoach, Stephanie R. Jones, and Beatriz Luna, "Cortical Neurodynamics of Inhibitory Control," *Journal of Neuroscience* 34, no. 29 (2014): 9551–9561; Simon Chamberland and Lisa Topolnik, "Inhibitory Control of Hippocampal Inhibitory Neurons," *Frontiers in Neuroscience* 6 (2012): 165.

30. Brad J. Bushman, Roy F. Baumeister, and Colleen M. Phillips, "Do People Aggress to Improve Their Mood? Catharsis Beliefs, Affect Regulation Opportunity, and Aggressive Responding," *Journal of Personality and Social Psychology* 81, no. 1 (2001): 17–32.

31. Nicholas M. Farandos, Ali K. Yetisen, Michael J. Monteiro,

Christopher R. Lowe, and Seok Hyun Yun, "Contact Lens Sensors in Ocular Diagnostics," *Advanced Healthcare Materials*, November 17, 2014.
32. Diana I. Tamir and Jason P. Mitchell, "Disclosing Information About the Self Is Intrinsically Rewarding," *Proceedings of the National Academy of Sciences* 109, no. 21 (2012): 8038–8043.
33. James A. Coan and John J. B. Allen, eds., *The Handbook of Emotion Elicitation and Assessment* (New York: Oxford University Press, 2007); Lane Beckes and James Coan, "Social Baseline Theory and the Social Regulation of Emotion," in *The Science of the Couple*, edited by L. Campbell, J. La Guardia, J. M. Olson, and M. P. Zanna, Ontario Symposium on Personality and Social Psychology (New York: Psychology Press, 2012), 79–91.

第二章：恐高症

34. T. Brandt and D. Huppert, "Fear of Heights and Visual Height Intolerance," *Current Opinion in Neurology* 27, no. 1 (2014): 111–117.
35. "Skydiving History," United States Parachute Association, uspa.org/AboutSkydiving/Sky divingHistory/tabid/118/Default.aspx, accessed March 15, 2015; "The History of Bungee Jumping," Bungee Zone, bungeezone.com/history, accessed March 15, 2015.
36. Dacher Keltner, "Evolution of the Sublime: Toward a Science of Awe," presentation at the annual meeting of the Society of Affective Science, April 2015.
37. Candace M. Raio, Temidayo A. Orederu, Laura Palazzolo, Ashley A. Shurick, and Elizabeth A. Phelps, "Cognitive Emotion Regulation Fails the Stress Test," *Proceedings of the National Academy of Sciences* 110, no. 37 (2013): 15139–15144.
38. Stefan G. Hofmann, Kristen K. Ellard, and Greg J. Siegle, "Neurobiological Correlates of Cognitions in Fear and Anxiety: A Cognitive-Neurobiological Information-Processing Model," *Cognition*

and *Emotion* 26, no. 2 (2012): 282–299; Adam L. Lawson, Sarah Gauer, and Rebecca Hurst, "Sensation Seeking, Recognition Memory, and Autonomic Arousal," *Journal of Research in Personality* 46, no. 1 (2012): 19–25; Joshua P. Johansen, Christopher K. Cain, Linnaea E. Ostroff, and Joseph E. LeDoux, "Molecular Mechanisms of Fear, Learning and Memory," *Cell* 147, no. 3 (2011): 509–524.

39. Joseph E.LeDoux, "The Slippery Slope of Fear," *Trends in Neuroscience* 36, no. 5 (2013): 275–284.
40. J. R. Carter and C. A. Ray, "Sympathetic Responses to Vestibular Activation in Humans," *American Journal of Physiology—Regulatory, Integrative and Comparative Physiology* 294, no. 3 (2008): R681–688.
41. Joseph E. LeDoux, "Emotional Brain: Fear and the Amygdala," *Cellular and Molecular Neurobiology* 23, nos. 4/5 (2002): 727–738.
42. Masamichi Sakagami, Xiaochuan Pan, and Bob Uttl, "Behavioral Inhibition and Prefrontal Cortex in Decision-Making," *Neural Networks* 19, no. 8 (2006): 1255–1265.
43. Peter J. de Jong, Mark van Overveld, and Charmaine Borg, "Giving In to Arousal or Staying Stuck in Disgust? Disgust-Based Mechanisms in Sex and Sexual Dysfunction," *Journal of Sex Research* 50, nos. 3–4 (2013):247–262.
44. Daniel Vastfjall, Paul Slovic, and Marcus Mayorga, "Whoever Saves One Life Saves the World: Confronting the Challenge of Pseudoinefficacy," University of Oregon Global Justice Program, April 2014, globaljustice.uoregon.edu/files/2014/07/Whoever-Saves-One-Life-Saves-the-World-1wda5u6.pdf.
45. David H. Zald, Ronald L.Cowan, Patrizia Riccardi, Ronald M. Baldwin, M. Sib Ansari, Rui Li, Evan S. Shelby, Clarence E. Smith, Maureen McHugo, and Robert M. Kessler, "Midbrain Dopamine Receptor Availability Is Inversely Associated with Novelty-Seeking Traits in Humans," *Journal of Neuroscience* 28, no. 53 (2008):14372–14378.

46. Shelley E. Taylor, "Tend and Befriend: Biobehavioral Bases of Affiliation Under Stress," *Current Directions in Psychological Science* 15, no. 6 (2006): 273–277.
47. Sara Shabani, Mohsen Dehghani, Mehdi Hedayati, and Omid Rezaei, "Relationship of Serum Serotonin and Salivary Cortisol with Sensation Seeking," *International Journal of Psychophysiology* 81, no. 3 (2011): 225–229; Masahiro Matsunaga, Hiroki Murakami, Kaori Yamakawa, Tokiko Isowa, Kunio Kasugai, Masashi Yoneda, Hiroshi Kaneko, Seisuke Fukuyama, Jun Shinoda, Jitsuhiro Yamada, and Hideki Ohira, "Genetic Variations in the Serotonin Transporter Gene Linked Polymorphic Region Influence Attraction for a Favorite Person and the Associated Interactions Between the Central Nervous and Immune Systems," *Neuroscience Letters* 468, no. 3(2010): 211–215.
48. JonKar Zubieta, Yolanda R. Smith, Joshua A. Bueller, Yanjun Xu, Michael R. Kilbourn, Douglas M. Jewett, Charles R. Meyer, Robert A. Koeppe, and Christian S. Stohler, "Regional Mu Opioid Receptor Regulation of Sensory and Affective Dimensions of Pain," *Science* 293, no. 5528 (2001): 311–315; A. Vania Apkarian, M. Catherine Bushnell, Rolf Detlef Treede, and Jon Kar Zubieta, "Human Brain Mechanisms of Pain Perception and Regulation in Health and Disease," *European Journal of Pain* 9 (2005): 463–484.

第三章：在黑暗中独处

49. Erving Goffman, *Asylums: Essays on the Social Situation of Mental Patients and Other Inmates* (Garden City, NY: Anchor Books, 1961).
50. Roy F. Baumeister, Ellen Bratslavsky, Catrin Finkenauer, and Kathleen D. Vohs, "Bad Is Stronger Than Good," *Review of General Psychology* 5, no. 4 (2001): 323–370; Nico Bunzeck and Emrah Düzel, "Absolute Coding of Stimulus Novelty in the Human Substantia Nigra/VTA," *Behavioral Medicine* 51, no. 3 (2006): 280–282; Gary Lewandowski Jr. and Arthur Aron, "Distinguishing Arousal from Novelty and Challenge

in Initial Romantic Attraction Between Strangers," *Social Behavior and Personality* 32, no. 4 (2004): 361–372; Adam L. Lawson, Sarah Gauer, and Rebecca Hurst, "Sensation Seeking, Recognition Memory, and Autonomic Arousal," *Journal of Research in Personality* 46, no.1 (2012): 19–25.
51. Philip Zimbardo, *The Lucifer Effect: Understanding How Good People Turn Evil* (New York: Random House, 2008).
52. Michel Foucault, *Discipline and Punish: The Birth of the Prison*, vol. 2, translated by Alan Sheridan, 2nd ed. (New York: Vintage, 1995).
53. *History of Eastern State Penitentiary*, Eastern State Penitentiary Historic Site, 1994; *Eastern State Penitentiary: Historic Structures Report*, 2 vols., Philadelphia Historical Commission, July 21, 1994; B. Belbot, "Eastern State Penitentiary," in *Encyclopedia of Prisons & Correctional Facilities*, edited by Mary Bosworth (Thousand Oaks, CA: Sage Publications, 2005), 272–274; Mike Walsh, "Black Hoods and Iron Gags: The Quaker Experiment at Eastern State Penitentiary in Philadelphia," MissionCreep, missioncreep.com/mw/estate.html, accessed March 15, 2015.
54. "Museum History Talk," Walsall Council, May 11, 2009, cms.walsall.gov.uk/museum_history_talk_sheds_light_on_the_scold_s_bridle.htm.
55. Lane Beckes and James Coan, "Social Baseline Theory and the Social Regulation of Emotion," in *The Science of the Couple*, edited by L. Campbell, J. La Guardia, J. M. Olson, and M. P. Zanna, Ontario Symposium on Personality and Social Psychology (New York: Psychology Press, 2012), 79–91; Seth D. Pollak, Charles A. Nelson, Mary F. Schlaak, Barbara J. Roeber, Sandi S. Wewerka, Kristen L. Wiik, Kristin A. Frenn, Michelle M. Loman, and Megan R. Gunnar, "Neurodevelopmental Effects of Early Deprivation in Post-Institutionalized Children," *Child Development* 81, no. 1 (2010): 224–236; Harry T. Chugani, Michael E. Behen, Otto Muzik, Csaba Juhász, Ferenc Nagy, and Diane C. Chugani, "Local Brain Functional

Activity Following Early Deprivation: A Study of Postinstitutionalized Romanian Orphans," *NeuroImage* 14, no. 6 (2001): 1290–1301.
56. Charles Dickens, "Philadelphia, and Its Solitary Prison," chapter 7 in *American Notes* (1842; reprint, London: Chapman & Hall, 1913).
57. Patrick Walters, "Mental Health Pros Boo Haunted House at Pa. Asylum," *Boston Globe*, September 22, 2010; Jamie Tarabay, "Haunted House Has Painful Past as Asylum," National Public Radio News, October 29, 2010; "Pennhurst Asylum Haunted House," Pennhurst Asylum, pennhurstasylum.com, accessed March 13, 2015; "A Statement Regarding the Pennhurst Haunted Asylum," Pennhurst Memorial and Preservation Alliance, August 2010, preservepennhurst.org, accessed April 27, 2015.
58. *Eastern State Penitentiary: Historic Structures Report*, Philadelphia Historical Commission, 1994, 1:220.
59. Ibid., 1:221
60. Michel Foucault, *The Birth of the Clinic: An Archaeology of Medical Perception* (New York: Vintage, 1994).
61. Susan Nolen Hoeksema, Blair E. Wisco, and Sonja Lyubomirsky, "Rethinking Rumination," *Perspectives on Psychological Science* 3, no. 5 (2008): 400–424.
62. "Most People Would Rather Shock Themselves Than Be Alone with Their Thoughts," *University Herald* [New York], July 6, 2014; Judy McGuire, "People Would Rather Shock Themselves Than Be Alone with Their Thoughts," *Today*, July 3, 2014.
63. James Gross, "Emotion Regulation: Affective, Cognitive, and Social Consequences," *Psychophysiology* 39(2002): 281–291.
64. V. Legrain, F. Mancini, C. Sambo, D. M. Torta, I. Ronga, and E. Valentini, "Cognitive Aspects of Nociception and Pain: Bridging Neurophysiology with Cognitive Psychology," *Clinical Neurophysiology* 42, no. 5 (2012): 325–336; Valéry Legrain, Caroline Perchet, and Luis Garcia Larrea, "Involuntary Orienting of Attention

to Nociceptive Events: Neural and Behavioral Signatures," *Journal of Neurophysiology* 102, no. 4 (2009): 2423–2434; Geert Crombez, Chris Eccleston, Frank Baeyens, and Paul Eelen, "Attentional Disruption Is Enhanced by the Threat of Pain," *Behaviour Research and Therapy* 36, no. 2 (1998): 195–204.

65. "Whipping Therapy Cures Depression and Suicide Crises," Pravda. ru, March 26, 2005, english.pravda.ru/health/26-03-2005/7950-whipping-0.

66. Olga Pollatos, Jochen Laubrock, and Marc Wittmann, "Interoceptive Focus Shapes the Experience of Time," *PLoS One* 9, no. 1 (2014).

67. Justine Cléry, Olivier Guipponi, Soline Odouard, Claire Wardak, and Suliann Ben Hamed, "Impact Prediction by Looming Visual Stimuli Enhances Tactile Detection," *Journal of Neuroscience* 35, no. 10 (2015): 4179–4189.

68. Marc Wittmann, Virginie van Wassenhove, A. D. "Bud" Craig, and Martin P. Paulus, "The Neural Substrates of Subjective Time Dilation," *Frontiers in Human Neuroscience* 4, no. 2 (2010); Marc Wittmann and Martin P. Paulus, "Decision Making, Impulsivity and Time Perception," *Trends in Cognitive Science* 12, no. 1 (2008): 7–12.

69. Philip Solomon, Philip E. Kubzansky, Herbert Leiderman, Jack H. Mendelson, Richard Trumbull, and Donald Wexler, eds., *Sensory Deprivation: A Symposium Held at Harvard Medical School* (Cambridge, MA: Harvard University Press, 1961); Michael Bond, "How Extreme Isolation Warps the Mind," BBC, May 14, 2014.

70. *The Yale Book of Quotations*, edited by Fred R. Shapiro (New Haven, CT: Yale University Press, 2006), 210.

第四章：驱鬼

71. "Deserted Places: The Haunted Hotel at Tequendama Falls," Deserted Places: Abandoned Places and Urban Decay (blog), August 16, 2012, desertedplaces.blogspot.com/2012/08/the-haunted-hotel-at-

tequendama-falls.html.
72. Stephen T. Asma, *On Monsters: An Unnatural History of Our Worst Fears* (New York: Oxford University Press, 2009).
73. Claude Lévi-Strauss, *Myth and Meaning* (London: Routledge & Kegan Paul, 1978).
74. Barbara Ehrenreich, *Blood Rites: Origins and History of the Passions of War* (New York: Holt, 1998).
75. Asma, *On Monsters*, 24.
76. Ibid., 33.
77. Ibid., 37.
78. Jason Zinoman, *Shock Value: How a Few Eccentric Outsiders Gave Us Nightmares, Conquered Hollywood, and Invented Modern Horror* (New York: Penguin, 2011).
79. Lee Speigel, "Spooky Number of Americans Believe in Ghosts" *Huffington Post*, February 2, 2013.
81. Mario Beauregard and Vincent Paquette, "Neural Correlates of a Mystical Experience in Carmelite Nuns," *Neuroscience Letters* 405, no. 3 (2006): 186–190.
81. "Infrasound Linked to Spooky Effects," Associated Press, September 7, 2003.
82. Michael A. Persinger, "Infrasound, Human Health, and Adaptation: An Integrative Overview of Recondite Hazards in a Complex Environment," *Natural Hazards* 70, no. 1 (2013): 501–525.
83. Vic Tandy, "The Ghost in the Machine," *Journal of the Society for Psychical Research* 62, no. 851 (1998).
84. Marc Lallanilla, "Mysterious Hum Driving People Around the World Crazy," *LiveScience*, July 25, 2013, livescience.com/38427-the-hum-mystery-taos-hum.html.
85. Michael A. Persinger, "Religious and Mystical Experiences as Artifacts of Temporal Lobe Function: A General Hypothesis," *Perceptual and Motor Skills* 57 (1983): 1255–1262; Michael A. Persinger,

"The Neuropsychiatry of Paranormal Experiences," *Journal of Neuropsychiatry and Clinical Neurosciences* 13, no. 4 (2001).
86. Jack Hitt, "This Is Your Brain on God," *Wired*, November 7, 1999.
87. Pehr Granqvist, Mats Fredrikson, Patrik Unge, Andrea Hagenfeldt, Sven Valind, Dan Larhammer, and Marcus Larsson, "Sensed Presence and Mystical Experiences Are Predicted by Suggestibility, Not by the Application of Transcranial Weak Complex Magnetic Fields," *Neuroscience Letters*, 379, no. 1 (2005): 1–6.
88. Vaughan Bell, Venu Reddy, Peter W. Halligan, George Kirov, and Hadyn Ellis, "Relative Suppression of Magical Thinking: A Transcranial Magnetic Stimulation Study," *Cortex* 43, no. 4 (2007): 551–557; Marco Sandrini, Carlo Umiltà, and Elena Rusconi, "The Use of Transcranial Magnetic Stimulation in Cognitive Neuroscience: A New Synthesis of Methodological Issues," *Neuroscience & Biobehavioral Reviews* 35, no. 3 (2011): 516–536.
89. Shahar Arzy, Margitta Seeck, Stephanie Ortigue, Laurent Spinelli, and Olaf Blanke, "Induction of an Illusory Shadow Person," *Nature* 443, no. 7109 (2006): 287.
90. Anne-Marie Landtblom, "The 'Sensed Presence' : An Epileptic Aura with Religious Overtones," *Epilepsy & Behavior* 9, no. 1 (2006): 186–188; Anne-Marie Landtblom, H. Lindehammer, H. Karlsson, and A. D. Craig, "Insular Cortex Activation in a Patient with 'Sensed Presence' /Ecstatic Seizures," *Epilepsy & Behavior* 20, no. 4 (2011): 714–718; Christine Le and Daniel H. Silverman, "Neuroimaging and EEG-Based Explorations of Cerebral Substrates for Suprapentasensory Perception: A Critical Appraisal of Recent Experimental Literature," *Psychiatry Research* 194, no. 2 (2011): 105– 110; Michael Trimble and Anthony Freeman, "An Investigation of Religiosity and the Gastaut-Geschwind Syndrome in Patients with Temporal Lobe Epilepsy," *Epilepsy & Behavior* 9, no. 3 (2006): 407–414; Norman Geschwind, "Personality Changes in Temporal Lobe Epilepsy,"

Epilepsy & Behavior 15, no. 4 (2009): 425–433; Kara O'Connell, Joanne Keaveney, and Raymond Paul, "A Novel Study of Comorbidity Between Schizoaffective Disorder and Geschwind Syndrome," *Case Reports in Psychiatry* 2013 (2013): 1–3.

91. Trimble and Freeman, "An Investigation of Religiosity and the Gastaut-Geschwind Syndrome," 407–414.
92. Rhodri Marsden, "'Maria Spends 20 Minutes Folding Towels': Why Millions Are Mesmerised by ASMR Videos," *Independent* [London], July 21, 2012; Harry Cheadle, "ASMR: The Good Feeling No One Can Explain," *Vice*, July 31, 2012; Nitin K. Ahuja, "It Feels Good to Be Measured: Clinical Role-Play, Walker Percy, and the Tingles," *Perspectives in Biology and Medicine* 56, no. 3 (2013): 442–451; Steven Novella, "ASMR," NeuroLogica (blog), March 12, 2012, theness.com/neurologicablog/index.php/asmr.
93. David Huron, "Biological Templates for Musical Experience: From Fear to Pleasure," International Symposium on the Neurobiology of Music, Rice University, November 18, 2006.

第五章：恐怖小屋

94. Elizabeth A. Grater, "The Rise of 'Slut-o-ween': Cultural Productions of Femininity in Halloween Costumes," master's thesis, George Washington University, 2012.
95. Antoni Slodkowski, "As Temperatures Soar, Japanese Turn to Ghost Houses," Reuters, September 2, 2010.
96. Chris Beckett and Hilary Taylor, *Human Growth and Development*, 2nd ed. (Los Angeles: Sage, 2010).
97. Ayse Pinar Saygin, Thierry Chaminade, Hiroshi Ishiguro, Jon Driver, and Chris Frith, "The Thing That Should Not Be: Predictive Coding and the Uncanny Valley in Perceiving Human and Humanoid Robot Actions," *Social Cognitive and Affective Neuroscience* 7, no. 4 (2012): 413–422.

98. Sandra C. Soares, Björn Lindström, Francisco Esteves, and Arne Öhman, "The Hidden Snake in the Grass: Superior Detection of Snakes in Challenging Attentional Conditions," *PLoS One* 9, no. 12 (2014).
99. Lynne A. Isbell, "Snakes as Agents of Evolutionary Change in Primate Brains," *Journal of Human Evolution* 51, no. 1(2006): 1–35.
100. Vanessa LoBue, David H. Rakison, and Judy S. DeLoache, "Threat Perception Across the Life Span: Evidence for Multiple Converging Pathways," *Current Directions in Psychological Science* 19, no. 6 (2010): 375–379.
101. Isabelle Blanchette, "Snakes, Spiders, Guns, and Syringes: How Specific Are Evolutionary Constraints on the Detection of Threatening Stimuli?," *Quarterly Journal of Experimental Psychology* 59, no. 8 (2006):1484–1504.
102. Elaine Fox, Laura Griggs, and Elias Mouchlianitis, "The Detection of Fear-Relevant Stimuli: Are Guns Noticed as Quickly as Snakes?" *Emotion* 7, no. 4 (2007): 691–696.
103. Kathryn Schulz, "Did Antidepressants Depress Japan?," *New York Times Magazine*, August 22, 2004.
104. Mary Picone, "Suicide and the Afterlife: Popular Religion and the Standardisation of 'Culture' in Japan," *Culture of Medical Psychiatry* 36, no. 2 (2012): 391–408.
105. Ibid.
106. Cara Clegg, "Living with Ghosts: The Rising Popularity of 'Death Rooms' in Japan," *Rocket News*, April 9, 2014.
107. Paul J. Whalen, Hannah Raila, Randi Bennett, Alison Mattek, Annemarie Brown, James Taylor, Michelle van Tieghem, Alexandra Tanner, Matthew Miner, and Amy Palmer, "Neuroscience and Facial Expressions of Emotion:The Role of Amygdala-Prefrontal Interactions," *Emotion Review* 5, no. 1 (2013): 78–83; Abigail A. Marsh, Megan N. Kozak, and Nalini Ambady, "Accurate Identification of Fear Facial Expressions Predicts Prosocial

Behavior," *Emotion* 7, no. 2 (2007): 239–251; Matthew Botvinick, Amishi P. Jha, Lauren M. Bylsma, Sara A. Fabian, Patricia E. Solomon, and Kenneth M. Prkachin, "Viewing Facial Expressions of Pain Engages Cortical Areas Involved in the Direct Experience of Pain," *NeuroImage* 25, no. 1 (2005): 312–319; David Matsumoto and Hyisung C. Hwang, "Judgments of Subtle Facial Expressions of Emotion," *Emotion* 14, no. 2 (2014): 349.

108. Bernard M. C. Stienen and Beatrice de Gelder, "Fear Detection and Visual Awareness in Perceiving Bodily Expressions," *Emotion* 11, no.5 (2011): 1182–1189; David Matsumoto, and Paul Ekman, "American-Japanese Cultural Differences in Intensity Ratings," *Motivation and Emotion* 13, no. 2 (1989); Koji Akiyama, "A Comparative Study of Facial Expressions and Emblems Between Japanese and Americans" *Intercultural Communication Studies* 1, no. 1 (1991): 147; Paul Ekman, "Universals and Cultural Differences in Facial Expressions of Emotion," in *Nebraska Symposium on Motivation, 1971*, edited by J. Cole, vol. 19 (Lincoln: University of Nebraska Press, 1972), 207–282; Jan B. Engelmann and Marianna Pogosyan, "Emotion Perception Across Cultures: The Role of Cognitive Mechanisms," *Frontiers in Psychology* 4 (2013): 118; Dawn T. Robinson, "The Role of Cultural Meanings and Situated Interaction in Shaping Emotion," *Emotion Review* 6, no. 3 (2014): 189–195.

109. Maria Gendron, Debi Roberson, Jacoba Marieta van der Vyver, and Lisa Feldman Barrett, "Cultural Relativity in Perceiving Emotion from Vocalizations," *Psychological Science* 25, no. 4 (2014): 911–920.

110. Jessica Tracy, Azim F. Shariff, Wanying Zhao, and Joseph Henrich, "Supplemental Material for Cross-Cultural Evidence That the Nonverbal Expression of Pride Is an Automatic Status Signal," *Journal of Experimental Psychology: General* 142, no. 1 (2013):

163–180.

111. Joan Y. Chiao, "Current Emotion Research in Cultural Neuroscience," *Emotion Review* 7, no. 3 (2015), 280–293. Kimberly B. Rogers, Tobias Schröder, and Christian von Scheve, "Dissecting the Sociality of Emotion: AMultilevel Approach," *Emotion Review* 6, no. 2 (2013): 124–133; Engelmann and Pogosyan, "Emotion Perception Across Cultures."
112. Yair BarHaim, Aya Kerem, and Dominique Lamy, "When Time Slows Down: The Influence of Threat on Time Perception in Anxiety," *Cognition & Emotion* 24, no. 2 (2010): 255–263.
113. David M. Eagleman, "Human Time Perception and Its Illusions," *Current Opinion in Neurobiology* 18, no. 2 (2008):131–136.

第六章：人终有一死

114. 研究人员使用了许多不同的量表。多维度死亡恐惧量表（The Multidimensional Fear Scale）将对死亡的恐惧分为八类：对死亡过程的恐惧、对死亡的恐惧、对死后躯体受损的恐惧、对对于自己重要的人死亡的恐惧、对死后未知的恐惧、对在意识清醒状态下经历死亡过程的恐惧、对死后处置方式的恐惧，以及对早逝的恐惧。每一类还可以进一步细分。例如，维克托·弗洛里安（Victor Florian）和施罗莫·拉维兹（Shlomo Kravetz）在1983年发表的《个人死亡恐惧量表》(Fear of Personal Death Scale) 中分别衡量了我们的个人担忧（失去自我价值的实现、自我毁灭）、人际关系担忧（失去社会认同、对家人和朋友的影响）以及超个人担忧（超验后果、死后受到惩罚）。使用最广泛的量表，是罗拉-让·克里特（Lora-Jean Collett）和大卫·莱斯特（David Lester）于1969年设计的，他们试图简化量表，测量内容包括对自我死亡的恐惧（例如，完全孤独的死亡，早逝，无法思考或感受）、对自己濒死的恐惧（例如，死亡过程的痛苦，智力退化，对过程失去控制，他人的悲痛）、对他人死亡的恐惧（例如，亲近之人的死亡，再也不能沟通，没有对方而感到孤独）和对他人濒死的恐惧（例如，目睹他人受苦，必须陪伴临终者）。

115. Ernest Becker, *The Denial of Death* (New York: Simon & Schuster, 1973), 87.
116. Brian L. Burke, Andy Martens, and Erik H. Faucher, "Two Decades of Terror Management Theory: A Meta-Analysis of Mortality Salience Research," *Personality and Social Psychology Review* 14, no. 2 (2010): 155–195.
117. 皮特·伯杰（Peter Berger），安东尼·吉登斯（Anthony Giddens），迈克尔·傅科（Michel Foucault）和布莱恩 S. 特纳（Bryan S. Turner）对死亡和濒死的过程是如何变化的都有贡献，为理解我们与死亡的关系如何影响生活提供了历史背景和理论框架。
118. Philip A. Mellor and Chris Shilling, "Modernity, Self-Identity and the Sequestration of Death," *Sociology* 27, no. 3 (1993):411–431.
119. Norbert Elias, *Loneliness of the Dying*, translated by Edmund Jephcott (New York: Blackwell, 1985), 23.
120. Jaya K. Rao, Lynda A. Anderson, Feng-Chang Lin, and Jeffrey P. Laux, "Completion of Advance Directives Among U.S. Consumers," *American Journal of Preventive Medicine* 46, no. 1 (2014): 65–70.
121. David Ropeik, "The Consequences of Fear," *EMBO Reports* 5 (2004); World Health Organization 2014 reports, who.int/en/.
122. Trinda L. Power and Steven M. Smith, "Predictors of Fear of Death and Self-Mortality: An Atlantic Canadian Perspective," *Death Studies* 32, no. 3 (2008): 253–272.
123. Fenna Van Marle and Shadd Maruna, "'Ontological Insecurity' and 'Terror Management': Linking Two Free-Floating Anxieties," *Punishment & Society* 12, no. 1 (2009): 7–26.
124. Rob Gilhooly, "Inside Japan's 'Suicide Forest,'" *Japan Times*, June 26, 2011; Peter Hadfield, "Japan Struggles with Soaring Death Toll in Suicide Forest," *Telegraph* [London], November 5, 2000.
125. Susan Sontag, *Regarding the Pain of Others* (New York: Farrar, Straus and Giroux, 2003).

126. Michael S. Bowman and Phaedra C. Pezzullo, "What's So 'Dark' About 'Dark Tourism'? Death, Tours, and Performance," *Tourist Studies* 9, no. 3 (2010): 187–202; Philip R. Stone, "Dark Tourism and Significant Other Death," *Annals of Tourism Research* 39, no. 3 (2012): 1565–1587; Tracey J. Potts, "'Dark Tourism' and the 'Kitschification' of 9/11," *Tourist Studies* 12, no. 3 (2012): 232–249; Söndra Brand and Nina Platter, "Dark Tourism: The Commoditisation of Suffering and Death," in *The Long Tail of Tourism: Holiday Niches and Their Impact on Mainstream Tourism*, edited by Alexis Papathanassis (New York: Springer, 2011), 7–15.

127. Wataru Tsurumi, *Kanzen Jisatsu Manyuaru* [*Complete Suicide Manual*], 1993.

128. Seicho Matsumoto, *Kuroi Jukai (Sea of Trees* [Tokyo: Kodansha]), 1960.

129. Rosie Goldsmith, "Suicide 'Epidemic' Among Japan's Elderly," BBC, March 19, 2003.

130. World Health Organization 2014 reports, who.int/en/.

131. Ibid.

132. Erin Petrun, "Suicide in Japan," *CBS News*, July 12, 2007.

133. Alexander Martin, "Japanese Stem-Cell Scientist Yoshiki Sasai Commits Suicide," *Wall Street Journal*, August 5, 2014.

134. Mary Picone, "Suicide and the Afterlife: Popular Religion and the Standardisation of 'Culture' in Japan," *Culture of Medical Psychiatry* 36, no. 2 (2012): 391–408; Jennifer R. Reimer, "Kokoro no kaze: The Creation of 'Depression' in Japan," *Practice of Madness Magazine*, March 2010.

135. Justin McCurry, "Japan Vows to Cut Suicide Rate by 20% over 10 Years," *Guardian* [London], September 4, 2014; Cameron Allan McKean, "How Blue Lights on Train Platforms Combat Tokyo's Suicide Epidemic," *Next City*, March 20, 2014.

136. Philip J. Cozzolino, Angela Dawn Staples, Lawrence S. Meyers,

and Jamie Samboceti, "Greed, Death, and Values: From Terror Management to Transcendence Management Theory," *Personality and Social Psychology Bulletin* 30, no. 3 (2004): 278–292; Laura E. R. Blackie and Philip J. Cozzolino, "Of Blood and Death: A Test of Dual-Existential Systems in the Context of Prosocial Intentions," *Psychological Science* 22, no. 8 (2011): 998–1000; Oona Levasseur, Mark R. McDermott, and Kathryn D. Lafreniere, "The Multidimensional Mortality Awareness Measure and Model: Development and Validation of a New Self-Report Questionnaire and Psychological Framework," *OMEGA—Journal of Death and Dying* 70, no. 3 (2015): 317–341.

137. Debra M. Bath, "Separation from Loved Ones in the Fear of Death," *Death Studies* 34, no. 5 (2010): 404–425.

138. Kenneth E. Vail III, Jacob Juhl, Jamie Arndt, Matthew Vess, Clay Routledge, and Bastiaan T. Rutjens, "When Death Is Good for Life: Considering the Positive Trajectories of Terror Management," *Personality and Social Psychology Review* 16, no. 4 (2012): 303–329.

139. Victor Florian and Mario Mikulincer, "Fear of Death and the Judgment of Social Transgressions: A Multidimensional Test of Terror Management Theory," *Journal of Personality and Social Psychology* 73, no. 2 (1997): 369–380; Abram Rosenblatt, Jeff Greenberg, Sheldon Solomon, Tom Pyszczynski, and Deborah Lyon, "Evidence for Terror Management Theory: I. The Effects of Mortality Salience on Reactions to Those Who Violate or Uphold Cultural Values," *Journal of Personality and Social Psychology* (1989): 10–1037; Linda Simon, Jeff Greenberg, Eddie Harmon-Jones, Sheldon Solomon, and Tom Pyszczynski, "Mild Depression, Mortality Salience and Defense of the Worldview Evidence of Intensified Terror Management in the Mildly Depressed," *Personality and Social Psychology Bulletin* 22, no. 1 (1996): 81–90.

140. Molly Maxfield, Sheldon Solomon, Tom Pyszczynski, and Jeff

Greenberg, "Mortality Salience Effects on the Life Expectancy Estimates of Older Adults as a Function of Neuroticism," *Journal of Aging Research* (2010): 1–8.

141. Fadel Zeidan, Nakia S. Gordon, Junaid Merchant, and Paula Goolkasian, "The Effects of Brief Mindfulness Meditation Training on Experimentally Induced Pain," *Journal of Pain* 11, no. 3 (2010): 199–209.

142. Gina O'Connell Higgins, *Resilient Adults: Overcoming a Cruel Past* (San Francisco: Jossey-Bass, 1994); Scott J. Russo, James W. Murrough, Ming-Hu Han, Dennis S. Charney, and Eric J. Nestler, "Neurobiology of Resilience," *Nature Neuroscience* 15, no. 11 (2012): 1475–1484.

143. Thomas Greening, "PTSD from the Perspective of Existential-Humanistic Psychology," *Journal of Traumatic Stress* 3, no. 2 (1990): 323–326.

144. Tom Pyszczynski and Pelin Kesebir, "Anxiety Buffer Disruption Theory: A Terror Management Account of Posttraumatic Stress Disorder," *Anxiety, Stress & Coping* 24, no. 1 (2011): 3–26.

145. Wendy D'Andrea, Nnamdi Pole, Jonathan DePierro, Steven Freed, and D. Brian Wallace, "Heterogeneity of Defensive Responses After Exposure to Trauma: Blunted Autonomic Reactivity in Response to Startling Sounds," *International Journal of Psychophysiology* 90, no. 1 (2013): 80–89.

第七章：误入歧途

146. Christoffer Frendsen, "Bogota's Most Dangerous Places," *Colombia Reports*, August 11, 2014; John Quiñones, "Radio Shows Help Colombia Kidnap Victims," ABC News, May 17, 2014; Alan Gilbert, "Urban Governance in the South: How Did Bogotá Lose Its Shine?" *Urban Studies* 52, no.4 (2014): 665–684.

147. *Post-Traumatic Stress Disorder* (brochure), Arlington, VA: National

Alliance on Mental Illness, 2011.
148. Kerry J. Ressler, Barbara O. Rothbaum, Libby Tannenbaum, Page Anderson, Ken Graap, Elana Zimand, Larry Hodges, and Michael Davis, "Cognitive Enhancers as Adjuncts to Psychotherapy," *Archives of General Psychiatry* 61, no. 11 (2004): 1136–1144.
149. Negar Fani, David Gutman, Erin B. Tone, Lynn Almli, Kristina B. Mercer, Jennifer Davis, Ebony Glover, Tanja Jovanovic, Bekh Bradley, Ivo D. Dinov, Alen Zamanyan, Arthur W. Toga, Elisabeth B. Binder, and Kerry J. Ressler, "FKBP5 and Attention Bias for Threat: Associations with Hippocampal Function and Shape," *Archives of General Psychiatry* 70, no. 4 (2013): 392.
150. 位于印第安纳波利斯（Indianapolis）的印第安纳大学医学院（the Indiana University School of Medicine）的研究发现，那些本来紧张的老鼠注射了神经肽Y（NPY）之后与其他老鼠互动，没有表现出任何紧张的迹象，而那些没有注射的老鼠，在90分钟内，避免与笼中的同伴接触。Tammy J. Sajdyk, Philip L. Johnson, Randy J. Leitermann, Stephanie D. Fitz, Amy Dietrich, Michelle Morin, Donald R. Gehlert, Janice H. Urban, and Anantha Shekhar, "Neuropeptide Y in the Amygdala Induces Long-Term Resilience to Stress-Induced Reductions in Social Responses but Not Hypothalamic-Adrenal-Pituitary Axis Activity or Hyperthermia," *Journal of Neuroscience* 28, no. 4 (2008): 893–903.
151. Lynn M. Almli, Negar Fani, Alicia K. Smith, and Kerry J. Ressler, "Genetic Approaches to Understanding Post-Traumatic Stress Disorder," *International Journal of Neuropsychopharmacology* 17, no. 2 (2014): 355; Masahiro Matsunaga, Hiroki Murakami, Kaori Yamakawa, Tokiko Isowa, Kunio Kasugai, Masashi Yoneda, Hiroshi Kaneko, Seisuke Fukuyama, Jun Shinoda, Jitsuhiro Yamada, and Hideki Ohira, "Genetic Variations in the Serotonin Transporter Gene-Linked Polymorphic Region Influence Attraction for a Favorite Person and the Associated Interactions Between the Central Nervous and

Immune Systems," *Neuroscience Letters* 468, no. 3 (2010): 211–215.
152. Mark Gapen, Dorthie Cross, Kile Ortigo, Allen Graham, Eboni Johnson, Mark Evces, Kerry J. Ressler, and Bekh Bradley, "Perceived Neighborhood Disorder, Community Cohesion, and PTSD Symptoms Among Low- Income African Americans in an Urban Health Setting," *American Journal of Orthopsychiatry* 81, no. 1 (2011): 31–37.
153. Molly Born, "Woodland Hills Schools, Swissvale Police Investigate Bus-Stop Fights," *Pittsburgh Post Gazette*, January 9, 2013.
154. Jim Glade, "Tourists to Bogota Sexually Assaulted, Held Hostage in Series of Hotel Robberies," *Colombia Reports*, April 19, 2011. 青年旅社是抢劫的主要目标;2011年，至少发生了12起青年旅社抢劫，从单人侵入到劫匪袭击，他们将所有人都扣为人质，直到搜出所有的财物。这类犯罪很多都没有报道，因为旅社害怕出现负面新闻，而游客们不熟悉司法系统，害怕走法律流程。
155. Lisa M. McTeague and Peter J. Lang, "The Anxiety Spectrum and the Reflex Physiology of Defense: From Circumscribed Fear to Broad Distress," *Depression and Anxiety* 29, no. 4 (2012): 264–281; Desmond J. Oathes, Greg J. Siegle, and William J. Ray, "Chronic Worry and the Temporal Dynamics of Emotional Processing," *Emotion* 11, no. 1 (2011): 101–114; *Post-Traumatic Stress Disorder* (brochure).
156. Jen Christensen, "PTSD from Your ZIP Code: Urban Violence and the Brain," CNN, March 27, 2014; Schwartz et al., "Posttraumatic Stress Disorder Among African Americans."
157. Interview with Judy Cameron, July 2015; Cynthia L. Bethea, Kenny Phu, Arubala P. Reddy, and Judy L. Cameron, "The Effect of Short-Term Stress on Serotonin Gene Expression in High and Low Resilient Macaques," *Progress in Neuropsychopharmacology & Biological Psychiatry* 44 (2013): 143–153.
158. Brian G. Dias, Sunayana B. Banerjee, Jared V. Goodman, and Kerry J. Ressler, "Towards New Approaches to Disorders of Fear

and Anxiety," *Current Opinion in Neurobiology* 23, no. 3 (2013): 346–352; Giuseppe Tisi, Angelo Franzini, Giuseppe Messina, Mario Savino, and Orsola Gambini, "Vagus Nerve Stimulation Therapy in Treatment-Resistant Depression: A Series Report," *Psychiatry and Clinical Neurosciences* 68, no. 8 (2014): 606–611; Marco Sandrini, Carlo Umiltà, and Elena Rusconi, "The Use of Transcranial Magnetic Stimulation in Cognitive Neuroscience: A New Synthesis of Methodological Issues," *Neuroscience & Biobehavioral Reviews* 35, no. 3 (2011): 516–536.

159. Cristina M. Alberini and Joseph E. LeDoux, "Memory Reconsolidation," *Current Biology* 23, no. 17 (2013): R746–R750; Joshua P. Johansen, Christopher K. Cain, Linnaea E. Ostroff, and Joseph E. LeDoux, "Molecular Mechanisms of Fear, Learning and Memory," *Cell* 147, no. 3 (2011): 509–524; Thomas Agren, Jonas Engman, Andreas Frick, Johannes Björkstrand, Elna-Marie Larsson, Tomas Furmark, and Mats Fredrikson, "Disruption of Reconsolidation Erases a Fear Memory Trace in the Human Amygdala," *Science* 337, no. 6101 (2012): 1550–1552.

160. Emily A. Holmes, Ella L. James, Thomas CoodeBate, and Catherine Deeprose, "Can Playing the Computer Game 'Tetris' Reduce the Build-Up of Flashbacks for Trauma? A Proposal from Cognitive Science," *PLoS One* 4, no. 1 (2009).

161. Elise Donovan, "Propranolol Use in the Prevention and Treatment of Posttraumatic Stress Disorder in Military Veterans: Forgetting Therapy Revisited," *Perspectives in Biology and Medicine* 53, no. 1 (2010): 61–74.

162. Ibid.

163. Drew Magary, "What It's Like to Be Kidnapped," *GQ*, April 2013.

164. Daniel Gardner, *The Science of Fear: How the Culture of Fear Manipulates Your Brain* (New York: Penguin, 2008); Peter Stearns, *American Fear: The Causes and Consequences of High Anxiety* (New

York: Routledge, 2006); Barry Glassner, *The Culture of Fear: Why Americans Are Afraid of the Wrong Things* (New York: Basic Books, 1999).
165. David Ropeik, "The Consequences of Fear," *EMBO Reports* 5 (2004).
166. *Gun Homicide Rate Down 49% Since 1993 Peak; Public Unaware*, Pew Research Center, 2013; "Study: Gun Homicides, Violence Down Sharply in Past 20 Years," CNN, May 9, 2013. 想要了解更多美国人对风险的误读，请参阅彼得·斯蒂恩（Peter Stearns）的《美国人的恐惧》(*American Fear*)
167. *The State of the News Media*, Pew Research Center, *2013*.
168. Hannah Rosin, "The Overprotected Kid," *Atlantic*, April 2014.
169. C. W. Lejuez, Anne N. Banducci, and Katherine Long, "Commentary on the Distress Tolerance Special Issue," *Cognitive Therapy Research* (2013).
170. Rosin, "The Overprotected Kid."
171. Virginia Hughes, "Stress: The Roots of Resilience," *Nature* 490 (October 10, 2012): 165–167; Scott J. Russo, James W. Murrough, Ming-Hu Han, Dennis S. Charney, and Eric J. Nestler, "Neurobiology of Resilience," *Nature Neuroscience* 15, no. 11 (2012): 1475–1484; Aliza P. Wingo, Kerry J. Ressler, and Bekh Bradley, "Resilience Characteristics Mitigate Tendency for Harmful Alcohol and Illicit Drug Use in Adults with a History of Childhood Abuse: A Cross-Sectional Study of 2024 Inner-City Men and Women," *Journal of Psychiatric Research* 51 (2014): 93–99; Bekh Bradley, Telsie A. Davis, Aliza P. Wingo, Kristina B. Mercer, and Kerry J. Ressler, "Family Environment and Adult Resilience: Contributions of Positive Parenting and the Oxytocin Receptor Gene," *European Journal of Psychotraumatology* 4 (2013): 1–9.

第八章：创建地下室项目

172. Ricky Brigante, "Most Extreme Haunted Houses," Fox News, October

10, 2014.
173. Ben Brantley, "'Sleep No More' Is a 'Macbeth' in a Hotel," *New York Times*, April 13, 2011.
174. Bill O'Driscoll, "Bricolage Offers Immersive, Interactive Theatrical Experience *STRATA*," *Pittsburgh City Paper*, July 25, 2012.
175. Immanuel Kant, *Kant's Critique of Judgement*, translated by J. H. Bernard (London: Macmillan, 1914).
176. Gal Sheppes and Ziv Levin, "Emotion Regulation Choice: Selecting Between Cognitive Regulation Strategies to Control Emotion." *Frontiers in Human Neuroscience* 7 (2013): 179.
177. Wendy D'Andrea, Nnamdi Pole, Jonathan DePierro, Steven Freed, and D. Brian Wallace, "Heterogeneity of Defensive Responses After Exposure to Trauma: Blunted Autonomic Reactivity in Response to Startling Sounds," *International Journal of Psychophysiology* 90, no. 1 (2013): 80–89.
178. Christine L. Larson, Hillary S.Schaefer, Greg J. Siegle, Cory A. B. Jackson, Michael J. Anderle, and Richard J. Davidson, "Fear Is Fast in Phobic Individuals: Amygdala Activation in Response to Fear-Relevant Stimuli," *Biological Psychiatry* 60, no. 4 (2006): 410–417; Michael W. Schlund, Greg J. Siegle, Cecile D. Ladouceur, Jennifer S. Silk, Michael F. Cataldo, Erika E. Forbes, Ronald E. Dahl, and Neal D. Ryan, "Nothing to Fear? Neural Systems Supporting Avoidance Behavior in Healthy Youths," *NeuroImage* 52, no. 2 (2010): 710–719.
179. Olivia L. Conner, Greg J. Siegle, Ashley M. McFarland, Jennifer S. Silk, Cecile D. Ladouceur, Ronald E. Dahl, James A. Coan, and Neal D. Ryan, "Mom—It Helps When You're Right Here! Attenuation of Neural Stress Markers in Anxious Youths Whose Caregivers Are Present During fMRI," *PLoS One* 7, no. 12 (2012).
180. James A. Coan, Hillary S. Schaefer, and Richard J. Davidson, "Lending a Hand: Social Regulation of the Neural Response to Threat," *Psychological Science* 17, no. 12 (2006): 1032–1039.

181. Candace M. Raio, Temidayo A. Orederu, Laura Palazzolo, Ashley A. Shurick, and Elizabeth A. Phelps, "Cognitive Emotion Regulation Fails the Stress Test," *Proceedings of the National Academy of Sciences* 110, no. 37 (2013): 15139–15144.
182. Sheppes and Levin, "Emotion Regulation Choice"; James Gross, "Emotion Regulation: Affective, Cognitive, and Social Consequences," *Psychophysiology* 39 (2002): 281–291.
183. B. Rael Cahn and John Polich, "Meditation States and Traits: EEG, ERP, and Neuroimaging Studies," *Psychology Bulletin* 132, no. 2 (2006): 180–211; Christine Le and Daniel H. S. Silverman, "Neuroimaging and EEG-Based Explorations of Cerebral Substrates for Suprapentasensory Perception: A Critical Appraisal of Recent Experimental Literature," *Psychiatry Research* 194, no. 2 (2011): 105–110; John Thomas, Graham Jamieson, and Marc Cohen, "Low and Then High Frequency Oscillations of Distinct Right Cortical Networks Are Progressively Enhanced by Medium and Long Term Satyananda Yoga Meditation Practice," *Frontiers in Human Neuroscience* 8 (2014): 197.
184. Fadel Zeidan, Nakia S. Gordon, Junaid Merchant, and Paula Goolkasian, "The Effects of Brief Mindfulness Meditation Training on Experimentally Induced Pain," *Journal of Pain* 11, no. 3 (2010): 199–209; Fadel Zeidan, Susan K. Johnson, Bruce J. Diamond, Zhanna David, and Paula Goolkasian, "Mindfulness Meditation Improves Cognition: Evidence of Brief Mental Training," *Consciousness and Cognition* 19, no. 2 (2010): 597–605.
185. Andreas A. J. Wismeijer and Marcel A. L. M. van Assen, "Psychological Characteristics of BDSM Practitioners," *Journal of Sexual Medicine* 10, no. 8 (2013): 1943–1952; Ali Héber and Angela Weaver, "An Examination of Personality Characteristics Associated with BDSM Orientations," *Canadian Journal of Human Sexuality* 23, no. 2 (2014): 106–115; Juliet Richters, Richard O. De Visser, Chris E.

Rissel, Andrew E. Grulich, and Anthony M. A. Smith, "Demographic and Psychosocial Features of Participants in Bondage and Discipline, 'Sadomasochism' or Dominance and Submission (BDSM): Data from a National Survey," *Journal of Sexual Medicine* 5, no. 7 (2008): 1660–1668.

186. Linda Gilmore and Marilyn Campbell, "Scared but Loving It: Children's Enjoyment of Fear as a Diagnostic Marker of Anxiety?" *Australian Educational and Developmental Psychologist* 25, no. 1 (2008): 24–31.

187. Catherine Hartley, Alyson Gorun, Marianne Reddan, Franchesca Ramirez, and Elizabeth A. Phelps, "Stressor Controllability Modulates Fear Extinction in Humans," *Neurobiology of Learning and Memory* 113 (2014): 149.

188. Laura Starecheski, "10 Questions Some Doctors Are Afraid to Ask," National Public Radio, March 3, 2015; Robert Anda, "The Health and Social Impact of Growing Up with Adverse Childhood Experiences: The Human and Economic Costs of the Status Quo," Anna Institute, theannainstitute.org/ACE%20folder%20for%20 website/50%20 Review_of_ ACE_Study_with_references_summary_table_2_.pdf, accessed April 20, 2015.

189. "A Haunted House Turned Scientists' Lab," *Science Friday*, National Public Radio, October 2014; "Adventures in the Upside of Fear," *Essential Pittsburgh*, WESA Radio, October 2014; Margee Kerr, "Scared and Loving It: Improved Mood Following Voluntary Engagement with Negative Stimuli," poster presentation, Society for Affective Science, April 2015.

190. Michael J. Apter, *The Dangerous Edge: The Psychology of Excitement* (New York: Free Press, 1992).